Zakaria Boumerzoug

Soldadura de materiais metálicos

Zakaria Boumerzoug

Soldadura de materiais metálicos

ScienciaScripts

Imprint
Any brand names and product names mentioned in this book are subject to trademark, brand or patent protection and are trademarks or registered trademarks of their respective holders. The use of brand names, product names, common names, trade names, product descriptions etc. even without a particular marking in this work is in no way to be construed to mean that such names may be regarded as unrestricted in respect of trademark and brand protection legislation and could thus be used by anyone.

Cover image: www.ingimage.com

This book is a translation from the original published under ISBN 978-620-6-77115-9.

Publisher:
Sciencia Scripts
is a trademark of
Dodo Books Indian Ocean Ltd. and OmniScriptum S.R.L publishing group

120 High Road, East Finchley, London, N2 9ED, United Kingdom
Str. Armeneasca 28/1, office 1, Chisinau MD-2012, Republic of Moldova, Europe
Printed at: see last page
ISBN: 978-620-7-97347-7

Conteúdo

É de salientar que os historiadores atribuem aos antigos egípcios o mérito de serem os pioneiros da soldadura, marcando o início deste novo processo. Ao longo do tempo, várias civilizações aprofundaram as técnicas de soldadura, começando com o cobre e progredindo para outros metais como o ferro, o bronze, o ouro e a prata. Nomeadamente, as caixas de ouro da Idade do Bronze são alguns dos primeiros exemplos de soldadura. Inicialmente, a soldadura por fusão dominou durante esta época, seguida de avanços nos processos de trabalho do metal.

Com o progresso tecnológico, surgiram novas técnicas como a soldadura a laser, reflectindo a evolução contínua das práticas de soldadura. Atualmente, diversos tipos de métodos de soldadura satisfazem as exigências industriais. Além disso, está em curso uma investigação científica intensiva para melhorar a soldadura de materiais metálicos diferentes, assegurando que as juntas possuem propriedades mecânicas óptimas.

As técnicas de soldadura são variadas, abrangendo métodos baseados na fusão, como a soldadura por arco, e outros realizados no estado sólido, como a soldadura por fricção. Neste contexto, o livro pretende elucidar as diferentes técnicas de soldadura, apresentando exemplos práticos e aprofundando os fenómenos metalúrgicos envolvidos. Apoiado em estudos científicos, fornece uma compreensão abrangente da soldadura de materiais metálicos semelhantes e dissimilares

Estruturado para ser acessível a engenheiros de várias formações e também a estudantes de graduação e pós-graduação, o livro fornece aos leitores conhecimentos básicos e facilita uma compreensão mais aprofundada dos processos de soldadura de metais. O seu conteúdo é inspirado nos meus esforços de investigação, desde a supervisão dos meus alunos de mestrado, engenheiros e alunos de doutoramento durante o meu mandato na Universidade de Biskra, constituindo o culminar da exploração científica neste domínio.

Capítulo I

Processos de soldadura

I.1. Definição

A soldadura é um processo de fabrico em que duas ou mais peças são unidas através da aplicação de calor, pressão ou ambos, culminando na formação de uma junta. De acordo com a American Welding Society (AWS), a soldadura é definida como um "processo de união que produz uma junta de materiais aquecendo-os à temperatura de soldadura, com ou sem aplicação de pressão ou apenas com a aplicação de pressão, e com ou sem a utilização de metal de adição". Normalmente, a soldadura tem a sua principal aplicação em metais e termoplásticos, embora ocasionalmente também seja utilizada em madeira. As partes unidas resultantes constituem o que é conhecido como soldadura.

As técnicas de soldadura de metais ou ligas metálicas podem ser classificadas com base no facto de ocorrer ou não a fusão do metal na zona soldada. Esta distinção dá origem a duas classes de métodos de soldadura: processos de soldadura por fusão e processos de soldadura em estado sólido. Os processos de soldadura por fusão envolvem a fusão do metal durante a soldadura, enquanto os processos de soldadura em estado sólido não. A Tabela I.1 fornece um resumo dos processos de soldadura mais significativos que se enquadram nestas duas categorias.

Tabela I.1. Processos de soldadura

Processos de soldadura em estado sólido	Processos de soldadura por fusão
Soldadura por difusão	
Soldadura por explosão	Soldadura por arco
Soldadura por forja	Soldadura a laser
Soldadura por fricção	Soldadura por indução
Soldadura por pressão a quente	Soldadura com Reator Sólido
Soldadura por ultra-sons	Soldadura por feixe de electrões
Soldadura por rolo	Processos de soldadura por resistência
Soldadura a frio	-

I.2. Processos de soldadura por fusão

Nesta parte, serão apresentados os principais tipos de processos de soldadura por fusão.

I.2.1. Soldadura por arco

A soldadura por arco é um dos numerosos processos de soldadura por fusão utilizados para a união de metais. Durante a soldadura por arco, um arco elétrico gerado por corrente contínua (CC) ou corrente alternada (CA) eleva a temperatura da peça de trabalho e do elétrodo a níveis extremamente elevados, causando a fusão localizada na junção das duas partes a serem unidas. Subsequentemente, o material fundido arrefece, resultando na formação de uma junta sólida (Fig. I.1).

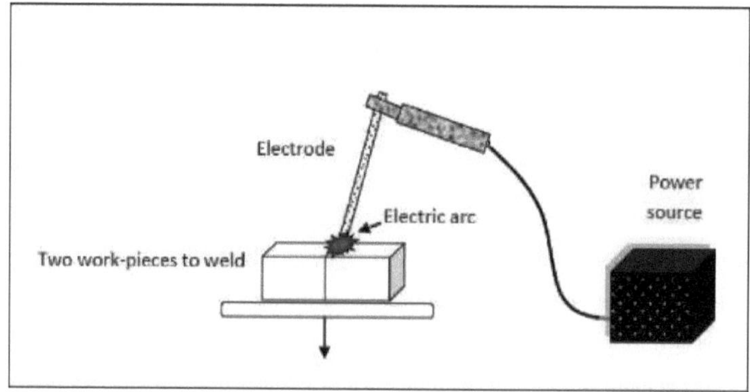

Figura I.1. Representação esquemática do processo de soldadura por arco.

Os principais tipos de soldadura por arco são :

- Soldadura por arco de metal blindado (soldadura por vareta)
- Soldadura por arco metálico a gás (soldadura MIG ou MAG)
- Soldadura por arco fluxado
- Soldadura por arco de tungsténio gasoso (soldadura TIG)
- Soldadura por arco plasma
- Soldadura por arco de carbono
- Soldadura por arco submerso
- Soldadura por escória eléctrica
- Soldadura de pinos por arco estirado (DA)

A Figura I.1 ilustra o processo de soldadura por arco utilizado na construção de condutas.

Adicionalmente, a soldadura por arco pode ser automatizada utilizando uma máquina, como apresentado na Figura II.3.

Figura I.2. Montagem de condutas por soldadura por arco.

Figura I.3. Máquina de soldadura MAG automática.

É crucial realçar a importância dos eléctrodos de soldadura (Fig. I.4). Estes eléctrodos, também conhecidos como varetas, desempenham um papel importante no processo de soldadura, fornecendo um ponto de partida para o arco. Este arco, por sua vez, funde os metais, facilitando a sua fusão. Sem eléctrodos, a soldadura de duas peças metálicas seria impossível. Os eléctrodos de tungsténio são uma escolha popular para a soldadura por arco devido ao seu elevado ponto de fusão e excecional condutividade.

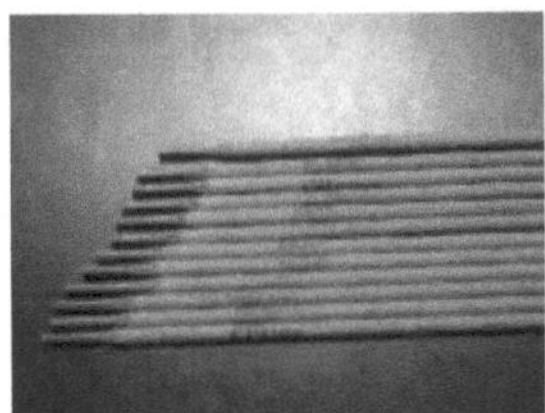

Figura I.4. Varetas de soldadura (eléctrodos).

I.2.2. Soldadura a laser

A soldadura por feixe de laser representa uma técnica de soldadura por fusão em que duas peças metálicas são fundidas utilizando um laser. O feixe de laser funciona como uma fonte de calor concentrada, direcionada para a cavidade posicionada entre as duas peças metálicas a unir (Fig. I.5). Este processo é amplamente utilizado em aplicações de grande volume com automação, particularmente em indústrias como a indústria automóvel. A soldadura a laser funciona principalmente em modo de soldadura por orifício ou penetração. A sua vantagem significativa reside na sua elevada densidade de energia, que permite a fusão precisa dos bordos da junta sem grande impacto térmico na peça de trabalho circundante.

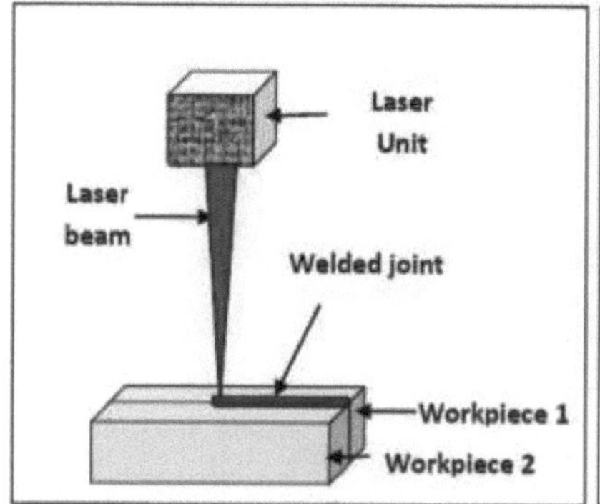

Figura I.5. Princípio da soldadura a laser de duas peças de trabalho.

I.2.3. Soldadura por indução

O aquecimento e a soldadura por indução têm uma história rica em aplicações de aquecimento de metais. A soldadura por indução utiliza a indução electromagnética para aquecer a peça de trabalho. O dispositivo de soldadura é constituído por uma bobina de indução alimentada por uma corrente eléctrica de radiofrequência (ver Fig. I.6). Este dispositivo gera um campo eletromagnético de alta frequência, que actua sobre uma peça eletricamente condutora ou ferromagnética. Nos materiais condutores de eletricidade, predomina o aquecimento resistivo devido às correntes de Foucault induzidas. Consequentemente, quando é aplicada pressão na região sobreposta, as áreas fundidas entram em contacto, facilitando uma ligação coesiva após a fusão do metal.

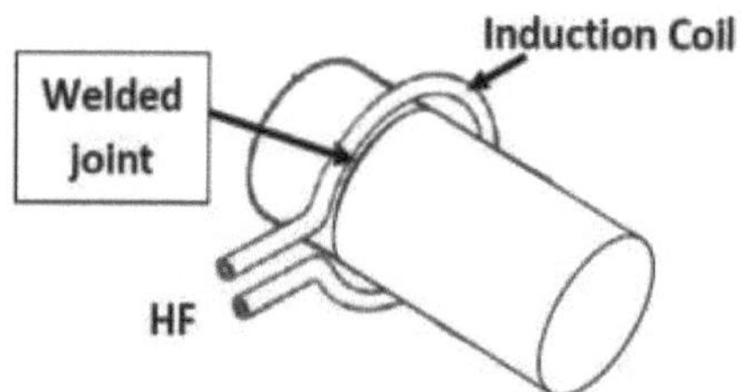

Figura I.6. Princípio da soldadura por indução de dois tubos.

Em ambientes industriais, a soldadura de alta frequência (soldadura HF) é o método de soldadura por indução predominante. Ao empregar um campo eletromagnético de alta frequência, o material é aquecido, enquanto a pressão ajuda a fundir e a fundir os materiais. A Figura I.7 ilustra uma representação esquemática da soldadura por indução de alta frequência aplicada a um tubo metálico, com um exemplo concreto de fabrico de tubos de aço através deste processo de soldadura.

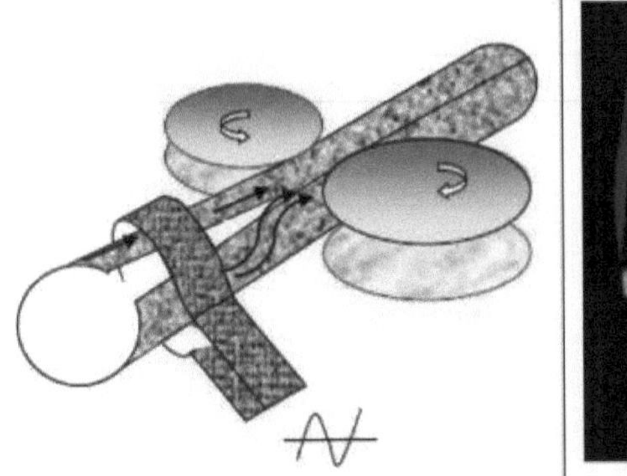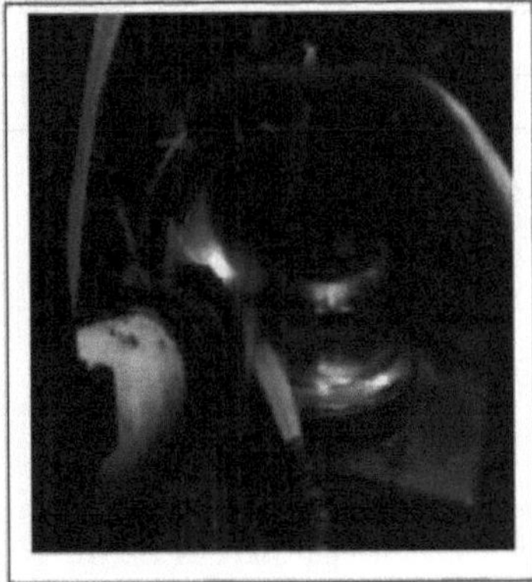

Figura I.7. Soldadura por indução de alta frequência de um tubo metálico.

1.2.4. Soldadura de reagentes sólidos

A soldadura sólida reactiva representa uma forma de soldadura por fusão que se baseia em reacções químicas com materiais específicos para conseguir a união. É alternativamente conhecida como soldadura exotérmica ou ligação exotérmica, geralmente referida como soldadura por termite (TW). Por exemplo, certos compostos, actuando como reagentes químicos, desencadeiam uma reação química exotérmica ao misturarem-se. Esta reação gera calor, provocando

fusão da área de contacto entre as peças de trabalho e facilitando a formação de
de uma junta soldada (Fig. I.8).

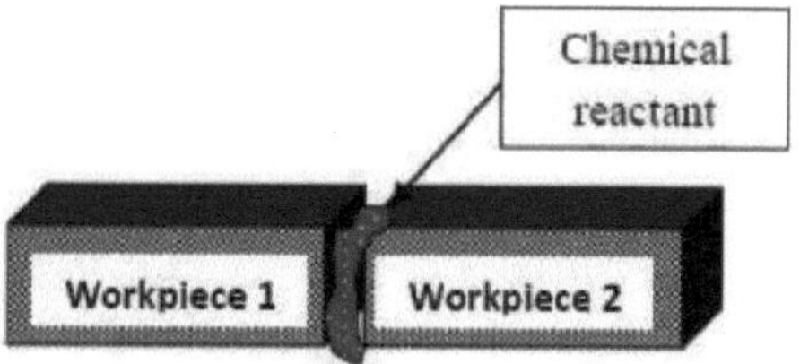

Figura I.8. Princípio da soldadura de duas peças de trabalho com reagente sólido.

1.2.5. Soldadura por feixe de electrões

A soldadura por feixe de electrões tem sido um processo de união predominante desde o final dos anos 50, encontrando uma utilização extensiva em sectores exigentes como a tecnologia aeroespacial e a indústria nuclear. Como técnica de soldadura por feixe, é utilizada na produção de juntas estreitas e profundas em todas as ligas de engenharia condutoras de eletricidade, graças às suas elevadas intensidades de energia concentradas no feixe.

O princípio da soldadura por feixe de electrões é relativamente simples (Fig. I.9): um canhão de electrões de vácuo gera um feixe de electrões, que é dirigido e focado no espaço entre duas amostras unidas. Aqui, a energia cinética dos electrões é convertida principalmente em energia térmica. Assim, o feixe de electrões acelerado actua como uma fonte de calor de fusão, facilitando a formação da soldadura. Ao selecionar cuidadosamente a densidade de energia e a potência do feixe, este método pode produzir soldaduras sem introduzir calor excessivo que possa comprometer as propriedades do metal circundante.

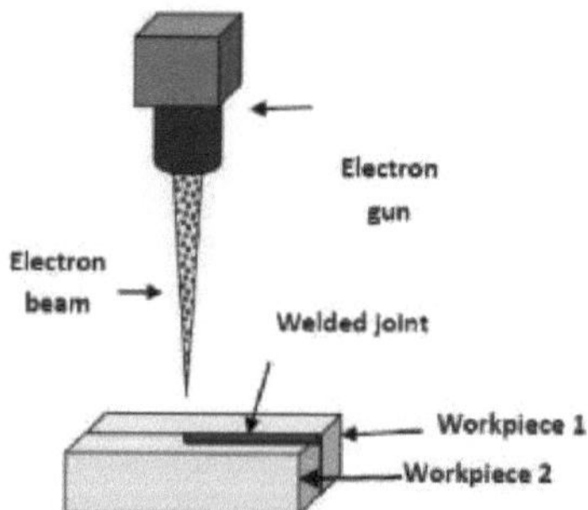

Figura I.9. Princípio da soldadura por feixe de electrões de duas peças de trabalho.

1.2.6. Soldadura por resistência

A soldadura por resistência envolve a passagem de uma corrente eléctrica através dos componentes a serem unidos para aquecer suficientemente a interface, fazendo com que os materiais se fundam sem a necessidade de um material de enchimento. Durante este processo, é aplicada uma força de aperto para manter os componentes no lugar até a junta solidificar. São utilizadas várias técnicas de soldadura por resistência para unir metais, incluindo a soldadura por pontos, a soldadura por costura, a soldadura rápida e a soldadura por projeção. A Figura I.10 ilustra uma representação esquemática de um tipo de soldadura por resistência, especificamente a soldadura por pontos.

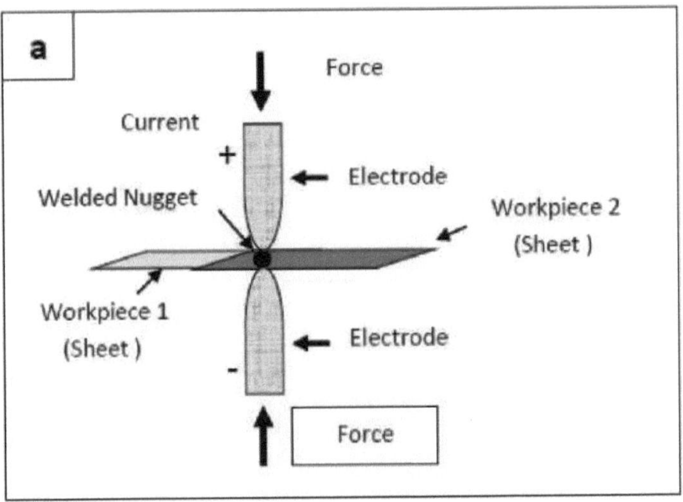

Figura I.10. (a); Representação esquemática de um dos tipos de soldadura por resistência (soldadura por pontos), e (b): máquina de soldar por resistência.

I.2. Processos de soldadura em estado sólido

Nesta parte, serão apresentados os principais tipos de processos de soldadura em estado sólido (sem fusão).

I.2.1. Soldadura por difusão

A soldadura por difusão, juntamente com a ligação por difusão, destaca-se como uma técnica de união robusta. Este processo ocorre sob vácuo ou numa atmosfera de gás inerte, normalmente a cerca de 80% da temperatura de fusão. A ligação por difusão ocorre quando dois metais são colocados em contacto sob uma carga dinâmica e aquecidos a uma temperatura propícia à difusão de átomos na interface. Este processo resulta numa estrutura de grão uniforme, fechando efetivamente os vazios interfaciais e formando uma ligação em estado sólido (Fig. I.11). A qualidade de uma junta soldada por difusão depende de três parâmetros-chave: temperatura de ligação, duração e pressão aplicada. Em particular, uma vez que a temperatura permanece abaixo do ponto de fusão dos metais que estão a ser soldados, não se forma uma zona afetada pelo calor (ZTA) distinta.

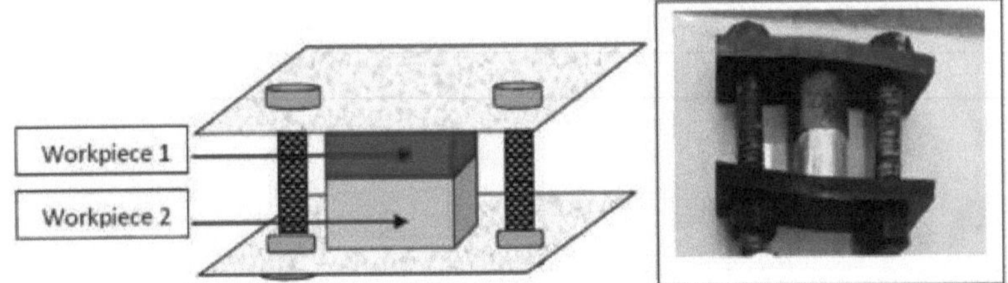

Figura I.11. Representação esquemática da configuração para a realização da soldadura por difusão em estado sólido

I.2.2. Soldadura por explosão

A soldadura por explosão, também designada por revestimento explosivo, é um processo que utiliza uma carga explosiva para unir duas peças de metal, independentemente de serem semelhantes ou diferentes. Além disso, serve como um método para aplicar uma camada de material de revestimento num material de base. O material explosivo utilizado para este processo pode incluir RDX, TNT ou outros explosivos. A Figura I.12 ilustra as etapas envolvidas na soldadura por explosão.

Desde a sua criação nos anos 50, a soldadura por explosão continua a ser um dos métodos mais eficientes para unir metais atualmente. Uma das principais vantagens da soldadura por explosão é a sua capacidade de unir metais diferentes numa única operação. Além disso, este processo de soldadura não produz qualquer zona afetada pelo calor (ZTA), aumentando ainda mais o seu apelo para várias aplicações.

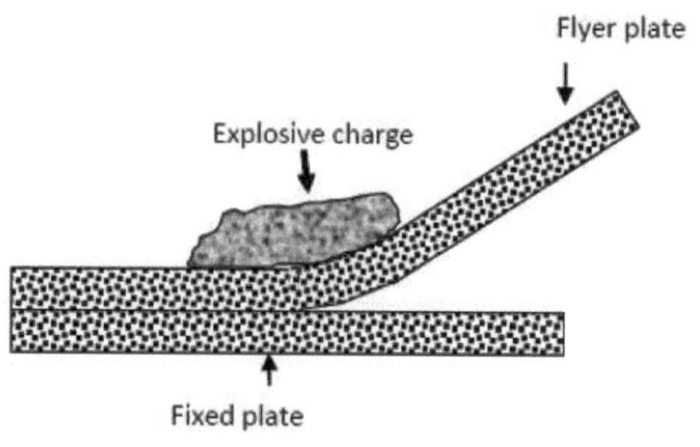

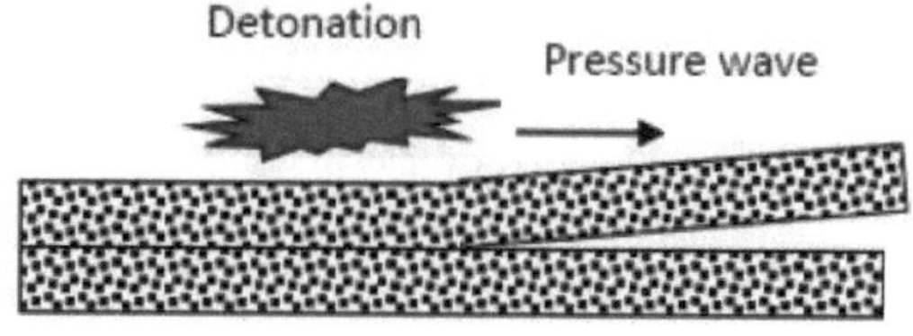

Figura I.12. Representação esquemática da soldadura por explosão

I.2.3. Soldadura por forja

A soldadura por forja representa um processo de união em estado sólido em que duas peças são aquecidas até à temperatura de soldadura e é aplicada uma tensão plástica para estabelecer uma ligação permanente nas suas superfícies de contacto (Fig. I.13). Normalmente, ambas as peças metálicas são aquecidas antes de serem marteladas, pressionadas ou enroladas para criar uma junta.

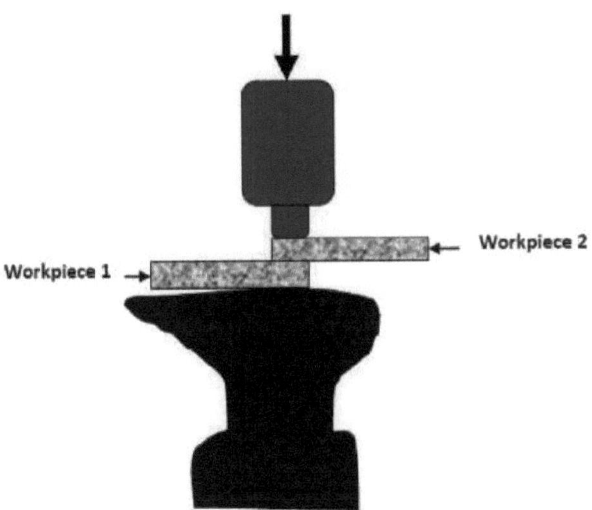

Figura I.13. Representação esquemática do princípio do processo de soldadura por forja.

I.2.4. Soldadura por fricção

A soldadura por fricção é uma técnica de união em estado sólido que une peças gerando calor através de fricção mecânica. De acordo com a American Welding Society (AWS), a soldadura por fricção é definida como um processo de união em estado sólido que cria uma soldadura sob contacto de força compressiva. Este método engloba quatro tipos: soldadura por fricção linear (LFW), soldadura por fricção (FSW), soldadura por fricção rotativa (RFW) e soldadura por fricção por pontos (FSSW).

I.2.4.1. Soldadura por fricção linear (LFW)

A soldadura por fricção linear obtém-se quando uma peça oscila sob pressão em relação a outra peça mantida estacionária até soldar nas duas superfícies de contacto (Fig.I.14.a).

I.2.4.1.Soldadura por fricção (FSW)

A técnica de soldadura por fricção (FSW) foi introduzida pelo Welding Institute (Reino Unido) em 1991. Na FSW (Fig. I.14.b), um elemento rotativo não consumível, conhecido como ferramenta, é posicionado entre as interfaces das chapas a soldar. À medida que a ferramenta de pinos rotativos agita o material, gera calor significativo através do atrito até que o ombro da ferramenta contacte a superfície superior das chapas a uma profundidade de imersão predeterminada. Subsequentemente, ao mover a ferramenta ao longo da linha de soldadura, as chapas são soldadas através de um processo de estado sólido caracterizado por uma elevada deformação plástica e mistura de metais na região da soldadura.

I.2.4.1. Soldadura por fricção rotativa (RFW)

Este processo é utilizado para a soldadura de peças cilíndricas (Fig. I.14.c). Um dos elementos soldados permanece estacionário, enquanto o outro é rodado durante o processo. As peças são postas em contacto sob uma carga específica, induzindo um intenso aquecimento por fricção e uma substancial deformação plástica na superfície de contacto. medida que a temperatura aumenta, promove o fluxo de difusão entre os materiais nas superfícies de contacto, facilitando uma ligação metalúrgica robusta na interface.

I.2.4.1.Soldadura por pontos por fricção (FSSW).

O método convencional de soldadura por fricção (Friction Stir Spot Welding - FSSW) foi desenvolvido pela Mazda Motor Corporation em 1993, assemelhando-se ao FSW em muitos aspectos. Como apresentado na Figura I.14.d, o processo inicia-se com a rotação da ferramenta a uma velocidade angular elevada. Posteriormente, a ferramenta é introduzida nas peças até que o ombro da ferramenta entre em contacto com a superfície superior da peça superior, estabelecendo um ponto de soldadura.

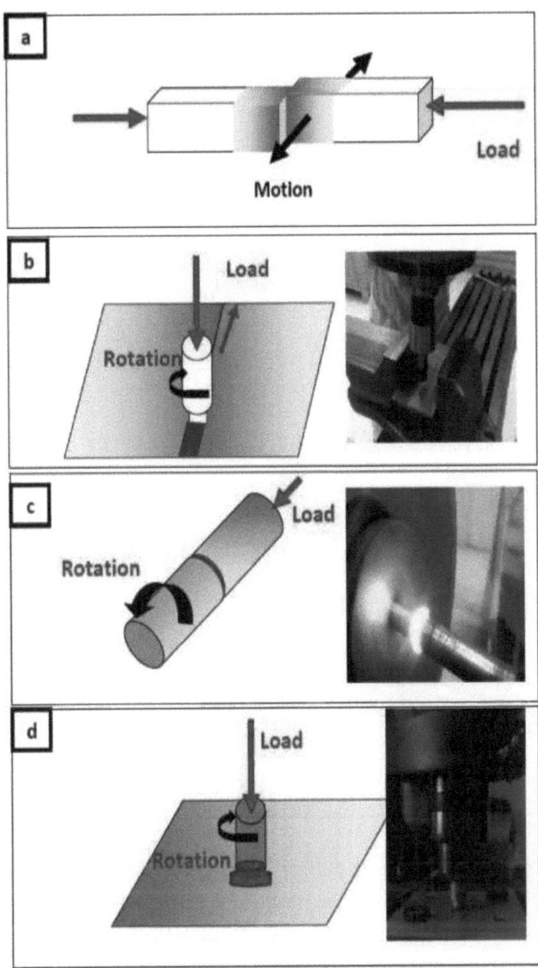

Figura I.14. Os três tipos de soldadura por fricção: (a) : Soldadura por Fricção Linear, (b) : Soldadura por Fricção (FSW) , (c) : Soldadura por fricção rotativa (RFW), e (d) : Soldadura por fricção por pontos (FSSW).

1.2.5. Soldadura por pressão a quente

A soldadura por prensagem a quente é uma técnica de soldadura que utiliza calor e pressão para unir dois materiais. O processo envolve o aquecimento dos materiais a uma temperatura específica e, em seguida, a aplicação de pressão para criar uma ligação. Ao contrário de alguns outros métodos de soldadura, a soldadura por prensagem a quente não atinge a temperatura de fusão.

1.2.6. Soldadura por ultra-sons

A soldadura por ultra-sons (USW) é um processo de soldadura em estado sólido que se baseia na aplicação de energia de vibração de alta frequência à peça de trabalho (Fig. I.15). Esta energia gera fricção interna entre as superfícies de contacto, levando à geração de calor localizado, essencial para a soldadura. A união ocorre devido ao calor produzido pelo atrito e à intensa deformação plástica. Em particular, a soldadura por ultra-sons é conhecida pela sua velocidade, com tempos de soldadura que variam tipicamente entre 0,1 e 1 segundo.

Pressão
1.2.7. soldadura de rolos

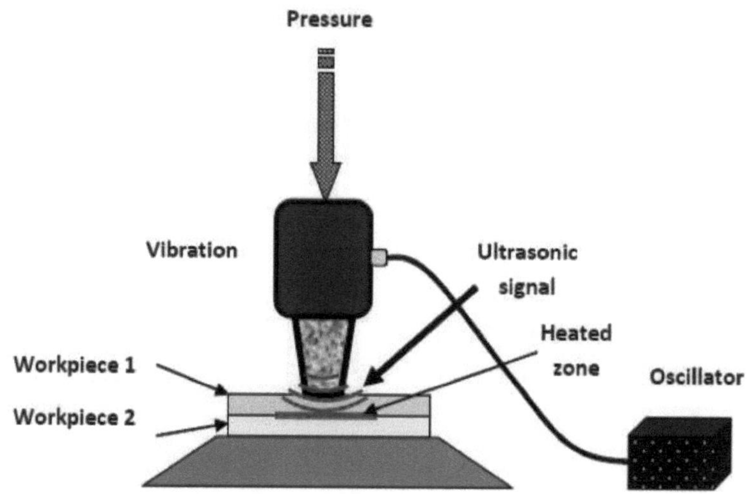

Figura I.15. Uma representação esquemática do processo de soldadura por ultra-sons.

A soldadura por rolo (ROW), também conhecida como colagem por rolo, é um processo em que duas ou mais folhas ou chapas são empilhadas e depois passadas através de rolos (Fig. I.16). Este processo de deformação contínua leva à criação de soldaduras em estado sólido entre as camadas, resultando numa estrutura ligada.

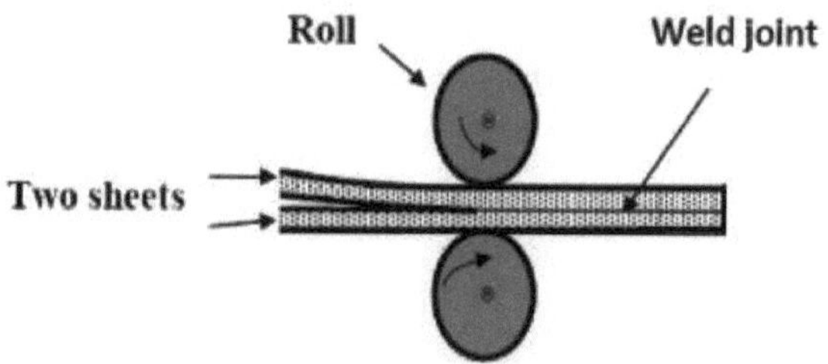

Figura I.16. Uma representação esquemática do processo de soldadura por rolo.
1.2.8. Soldadura a frio
A soldadura a frio, também designada por soldadura por contacto ou soldadura por pressão a

frio, é um método de união de metais sem aplicação de calor. Este processo foi inicialmente identificado na década de 1940. Os metais, uma vez limpos, podem ser pressionados uns contra os outros com força suficiente para criar uma junta soldada. No entanto, é essencial que os materiais sejam dúcteis e não tenham sofrido um endurecimento significativo. A Figura I.17 ilustra o processo de soldadura a frio, mostrando as duas peças antes e depois de serem unidas por este método.

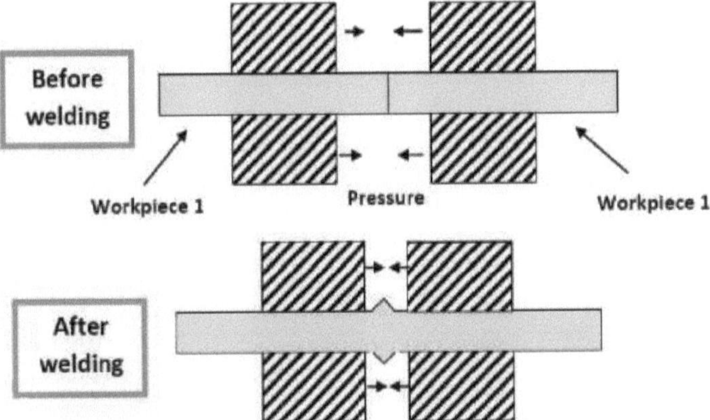

Figura I.17. Uma representação esquemática do processo de soldadura a frio.

Capítulo II

Aplicações industriais da soldadura

11.1. Introdução

A soldadura é um processo de montagem omnipresente em várias indústrias, incluindo a automóvel, a da construção, a aeronáutica, a aeroespacial, a engenharia civil e mesmo a artística. A figura II.1 mostra imagens que ilustram as várias aplicações da soldadura em algumas zonas.

Figura II.1. Aplicação da soldadura em certos domínios. (a) : Construção de condutas,

(b e c): turbina de gás para produção de eletricidade, (d): automóvel, e (e):

construção

de casas

11.2. Exemplo de aplicação de soldadura em caso de bobina

Neste caso, as montagens de dois tubos de aço X60 utilizando a soldadura por arco elétrico servem de exemplo industrial. A soldadura por elétrodo blindado (Shielded Metal Arc Welding - SMAW) é escolhida devido à sua simplicidade. O equipamento é composto por uma fonte de corrente contínua ou alternada, uma pinça porta-elétrodo, cabos de ligação e um cabo de terra. O elétrodo revestido é fixado na pinça porta-elétrodo, que está ligada ao cabo de saída da estação de soldadura. O conetor da peça de trabalho é ligado ao gerador e posicionado na peça de trabalho a ser soldada. Podem ser utilizados dois tipos de eléctrodos: E6010 ou E7010. Por exemplo, é utilizado o elétrodo E6010, um elétrodo celulósico concebido para a soldadura de tubos (aço até ao grau X56), conhecido pela sua boa ductilidade ao nível da raiz, excelente penetração e desempenho superior na escorva e auto-limpeza.

11.2.1. Modo de funcionamento:

Antes de iniciar a soldadura, é crucial limpar a área de soldadura em cada tubo, normalmente 50 mm ou 25 mm, utilizando uma mó ou uma escova de arame. Posteriormente, o pré-aquecimento desta área é essencial para mitigar os efeitos adversos da humidade durante a soldadura, que podem resultar em fissuras. O pré-aquecimento é efectuado a 120°C utilizando um maçarico, como ilustrado na Figura II.2.

Cálculo da temperatura de pré-aquecimento

Para os aços soldáveis condicionalmente, recomenda-se o pré-aquecimento, em que a temperatura de pré-aquecimento T_p é calculada de acordo com Séférian:

$$Tp = 350\sqrt{c_{eq.c} - 0,25}$$
(1)

O carbono equivalente (Ceq) é calculado pela seguinte expressão:

$$Ceq = C + (Mn + Si)/6 + (Cr + Mo + V)/5 + (Cu + Ni)/15 \quad (2)$$

É importante notar que, na soldadura, o teor de carbono equivalente é utilizado para compreender como os diferentes elementos de liga afectam a dureza do aço soldado.

Figura II.2. Aquecimento do tubo com o maçarico.

Em seguida, o soldador efectua a soldadura em três etapas:

Passo 1: No processo de soldadura, o fio da vareta (elétrodo) é normalmente ligado ao pólo positivo (+), enquanto o terra (-) é ligado à peça de trabalho. No entanto, para iniciar a soldadura no tubo, a polaridade da estação de soldadura é invertida. Isto significa que o pólo negativo (-) passa a ser o positivo (+) e o positivo (+) passa a ser o negativo (-). Esta inversão permite que o arco penetre na junta de soldadura através da vareta.

Passo 2: Depois de iniciar a soldadura com polaridade invertida, os pólos voltam às suas posições originais. O pólo positivo (+) é ligado ao pólo positivo (+) e o pólo negativo (-) é ligado ao pólo negativo (-). Em seguida, a junta soldada é carregada com a vareta, com várias passagens efectuadas em função da espessura da conduta (Fig. II.3).

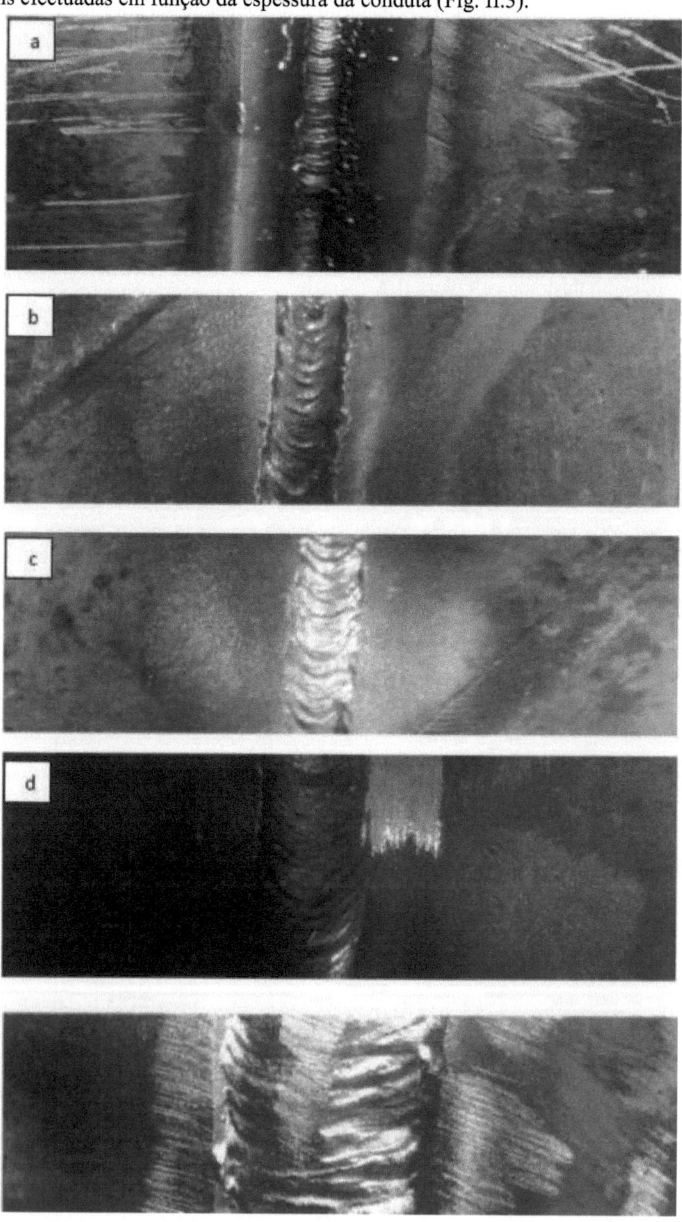

Figura II.3. A junta de soldadura obtida após a soldadura pelo (a) : 1 passe[st] , (b) : 2 passe[nd] , (c) : 3rd passa, e (d) : 4th pass.

Etapa 3: Etapa de acabamento:

No processo de soldadura, o soldador deposita uma camada muito fina para obter uma junta soldada acabada, como ilustrado na Figura II.4.

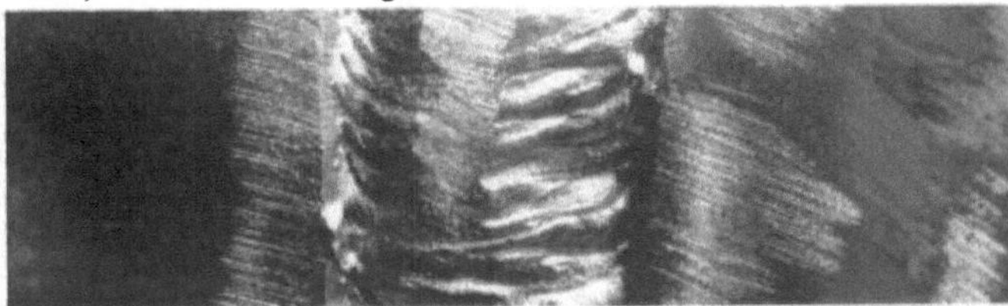

Figura II.4. O acabamento da soldadura após 4 passes do aço X60 soldado manualmente com o elétrodo revestido.

O segundo exemplo industrial envolve a soldadura para projectos de construção de condutas, em que os tubos são significativamente grandes, como se mostra na Figura II.5. Em geral, são aplicados os mesmos passos de soldadura que no exemplo anterior.

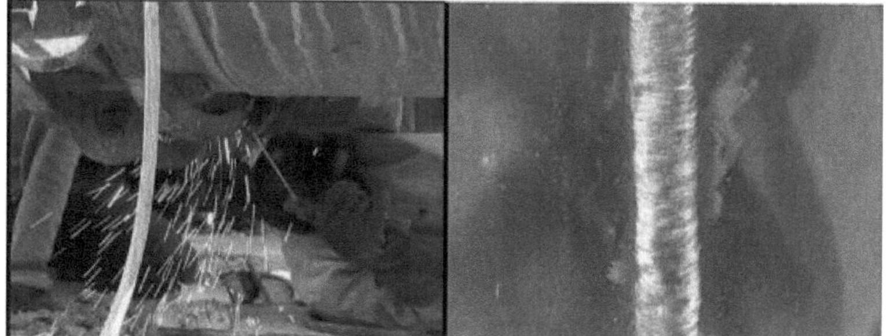

Figura II.5. Exemplo de um processo de soldadura num projeto de construção de um gasoduto.

Na soldadura por arco, vários parâmetros podem influenciar significativamente a qualidade da junta soldada. Estes parâmetros incluem a corrente de soldadura, a tensão, a velocidade de soldadura, o gás de proteção e o metal de adição.

Por exemplo, as Figuras II.6, 7 e 8 demonstram como a forma e o tamanho da junta soldada variam quando qualquer um dos parâmetros de soldadura é alterado. Para este exemplo, apresentamos o efeito dos três parâmetros que são, a velocidade de soldadura, a corrente de soldadura e a tensão. Verificou-se que a variação de um dos parâmetros afecta o tamanho da soldadura, o que influencia automaticamente as propriedades mecânicas da junta soldada.

Caso 1: Variação da velocidade de soldadura.

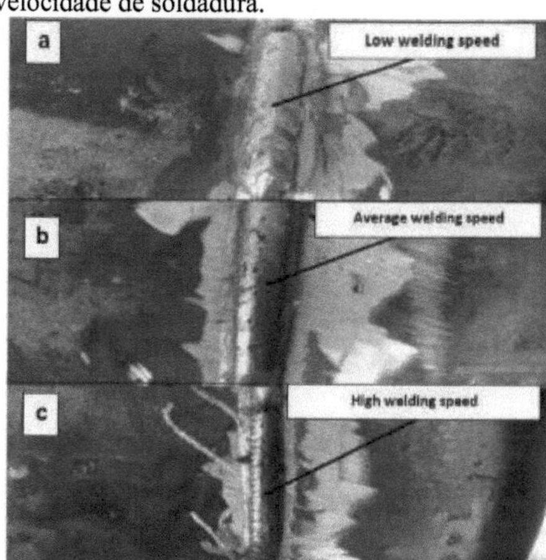

Figura II.6. Forma da junta soldada do aço X70 após variação da velocidade de soldadura

MAG

(a): 25,4 cm / min, (b): 60,96 cm / min, e (c): 96,52 cm / min.

Case 2: Variação da corrente de soldadura.

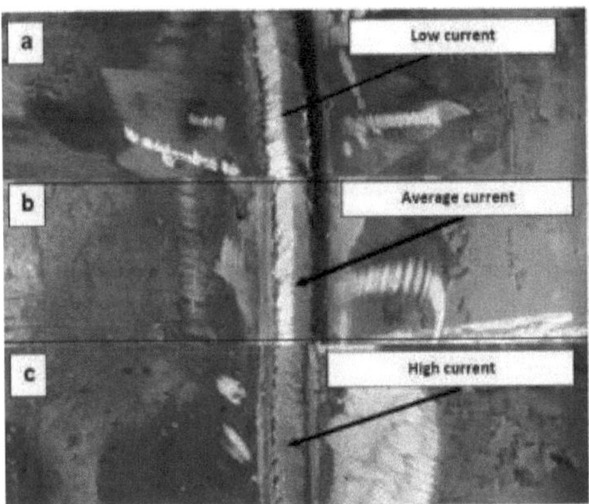

Case 3 : Variação da tensão de soldadura.

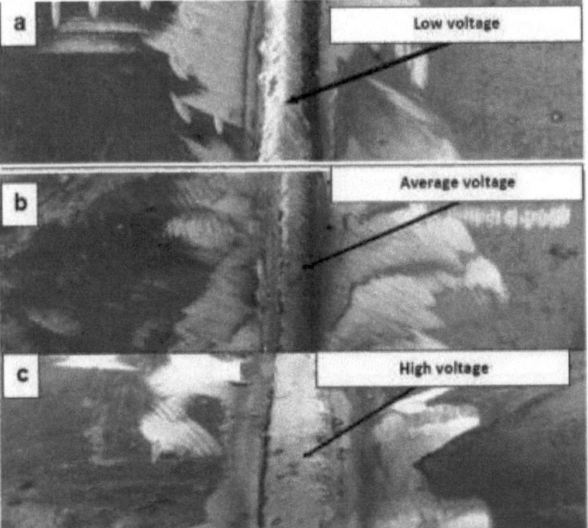

II.3. Defeitos de soldadura

Durante a soldadura por arco elétrico, é aplicado um calor significativo para fundir o metal soldado, resultando na formação de defeitos em determinadas condições de soldadura. Os defeitos mais perigosos incluem a falta de fusão, a falta de penetração, os orifícios de gás, a porosidade, a fissuração e as inclusões.

A falta de fusão ocorre frequentemente quando a poça de fusão avança à frente do arco. Os parâmetros de soldadura, como a corrente de soldadura, a tensão, a velocidade, a taxa de alimentação do fio e o comprimento da extensão do fio, desempenham um papel crucial. Normalmente, a falta de fusão resulta de uma entrada de energia inadequada na zona de soldadura. A falta de penetração, também conhecida como penetração incompleta, manifesta-se como uma descontinuidade planar interna. Ocorre devido a uma fusão insuficiente entre o metal de solda e o metal de base, ou quando o metal de solda não consegue penetrar no metal de base até à profundidade necessária.

Os buracos de gás formam-se devido ao calor de soldadura que causa a expansão dos gases dentro das cavidades, levando à formação de bolhas de gás no metal de solda líquido. Se a solidificação ocorrer rapidamente, a bolha de gás pode ficar presa no metal de solda. A porosidade descreve cavidades ou poros formados por aprisionamento de gás e material não metálico durante a solidificação do metal fundido, normalmente dentro do metal de solda.

A fissuração é um fenómeno perigoso que pode ocorrer na soldadura, no metal de base ou na zona afetada pelo calor. As inclusões, também conhecidas como inclusões de escória, surgem quando o fluxo de soldadura não flutua para fora da poça de fusão, ficando preso durante o processo de fusão-arrefecimento. Geralmente, este defeito ocorre dentro do metal de solda.

A compreensão destes defeitos de soldadura é crucial para que os soldadores possam garantir a integridade e a qualidade das juntas soldadas.

11.3.1. A falta de fusão:

A Figura II.9 ilustra uma falta de fusão formada na raiz da junta soldada em aço para tubagens, resultante do pré-aquecimento e da soldadura com baixa corrente de soldadura. Este defeito surge entre o metal de solda e o metal de base, apresentando-se como uma zona não fundida. A principal causa do seu desenvolvimento foi a insuficiente entrada de energia durante o processo de soldadura.

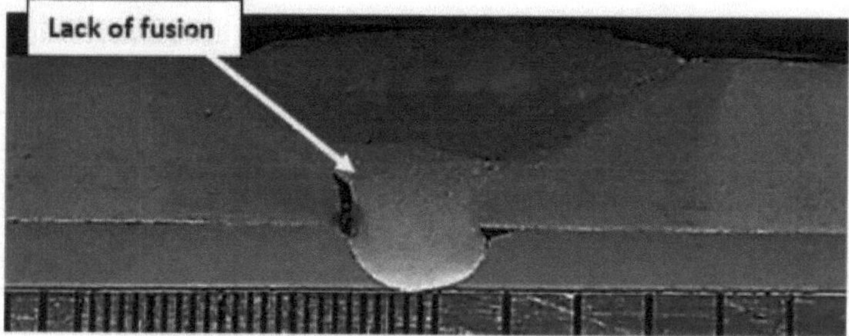

Figura II.9. Vista micrográfica da junta soldada do aço para condutas X60, obtida após pré-aquecimento e condições de soldadura: corrente de soldadura: I = 50 - 60 A e tensão:

$$U = 24\ V.$$

11.3.2. Penetração incompleta

A penetração incompleta é devida à baixa entrada de calor durante o processo de soldadura. A Figura II.10 mostra uma penetração incompleta.

11.3.3. Crack

A Figura II.10 ilustra uma penetração incompleta, onde é evidente que a falta de fusão pode servir como um local favorável para a propagação de fissuras. Tem-se observado que as fissuras ocorrem em juntas soldadas devido à concentração de tensões causada pela forma da soldadura e descontinuidades.

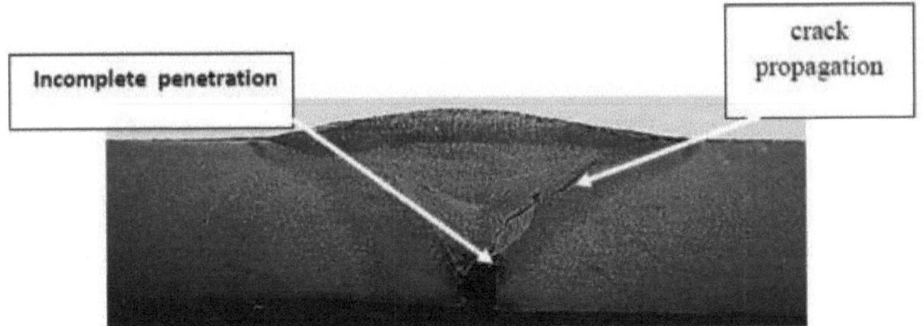

Figura II.10. Vista macrográfica da junta soldada do aço X60 para condutas, obtida sem pré-aquecimento e em condições de soldadura: corrente de soldadura: I = 50 - 70 A e tensão: U = 24 V.

Para além dos defeitos internos mencionados anteriormente, alguns defeitos podem ser observados visualmente na superfície da junta soldada, como se mostra na Figura II.11. Estes defeitos de superfície incluem:

a) Cratera: Este defeito ocorre como resultado da depressão de retração no final de uma passagem, onde a fonte de calor foi removida.

b) Fissuras: O arrefecimento rápido e as forças de tensão podem levar à formação de fissuras.

c) Arco elétrico: Este defeito ocorre quando a pinça do elétrodo ou a massa toca acidentalmente no metal de base.

d) Mordeduras/Estrias: Estes defeitos manifestam-se como cavidades irregulares na superfície do cordão, que ocorrem no ponto de contacto entre o metal de adição e o metal de base.

e) Fissuras: O arrefecimento rápido e as forças de tensão também podem levar à formação de fissuras.

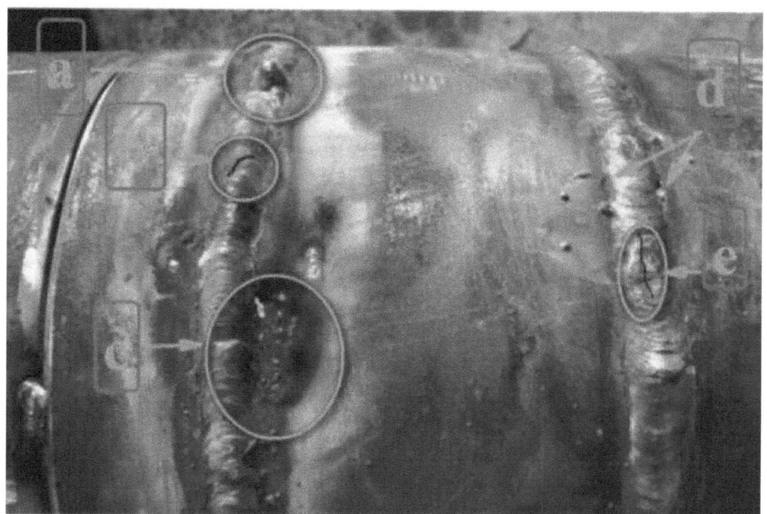

Figura II.11. Junta de soldadura com alguns defeitos (cratera, mordeduras/gotas, fissuras, inícios de arco).

II.4. Ensaios não destrutivos para deteção de defeitos em juntas soldadas.

O objetivo dos ensaios não destrutivos (NDT) é identificar potenciais defeitos nas juntas soldadas, que podem manifestar-se como falhas internas ou externas. Estas técnicas permitem determinar a extensão e a localização do defeito sem causar danos à estrutura soldada. O NDT engloba vários métodos específicos, incluindo o teste visual (VT), o teste de líquido penetrante (PT), o teste de partículas magnéticas (MT), o teste radiográfico (RT) e o teste ultrassónico (UT). Os métodos de teste visual e de líquido penetrante são utilizados principalmente para detetar defeitos superficiais, tais como fissuras ou falta de fusão, que se estendem ou atingem a superfície. Os ensaios por partículas magnéticas são adequados para identificar imperfeições superficiais e as que se encontram logo abaixo da superfície. Os métodos de ensaio radiográfico e ultrassónico são utilizados para detetar defeitos internos na soldadura

O ensaio não destrutivo mais simples é o ensaio visual, que não necessita de equipamento especializado. Os defeitos podem ser observados a olho nu ou com o auxílio de uma lupa, o que o torna adequado para a deteção de defeitos externos, como mostra a Figura II.12.

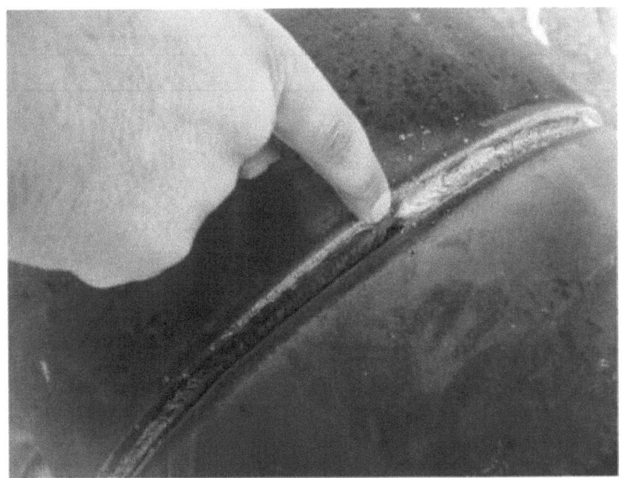

Figura II.12. Defeito externo aparente em junta soldada detectado por um
ensaio visual

Outro método de ensaio não destrutivo utilizado para identificar defeitos externos em juntas soldadas é o Ensaio por Penetrante. Esta técnica envolve a aplicação de um penetrante, frequentemente um líquido vermelho, na superfície da soldadura para revelar defeitos superficiais, conforme ilustrado na Figura II.13.

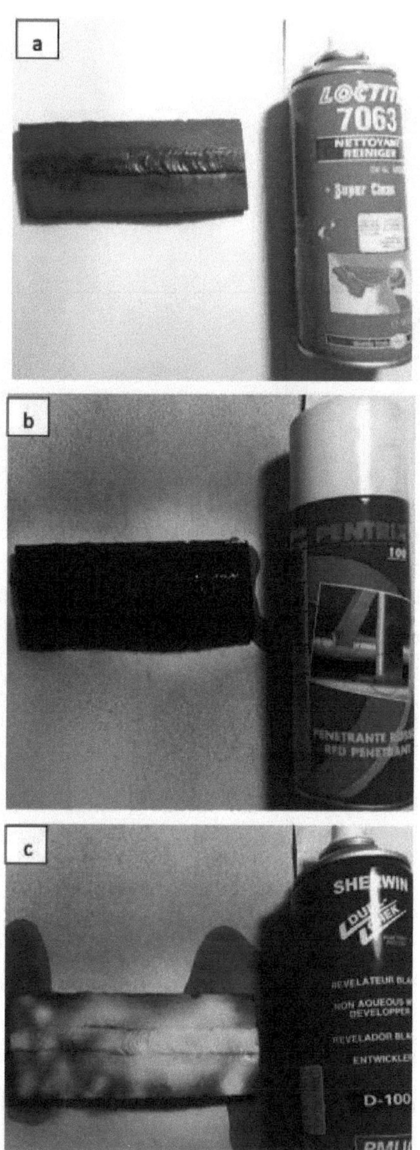

Figura II.13. Ensaio de penetrante de aerossol (Penetrant Testing) aplicado na junta soldada.

O ensaio ultrassónico (UT) é outro método não destrutivo utilizado para detetar defeitos internos em juntas soldadas, com base na propagação de ondas ultra-sónicas dentro do material a ser examinado. O UT requer a utilização de um dispositivo de deteção ultra-sónica, como apresentado na Fig.II.14.

Durante o ensaio ultrassónico, uma sonda é colocada na superfície do material, emitindo ondas sonoras para o interior do material, como mostra a Fig. II.15. Podem ocorrer dois cenários: na ausência de defeitos internos, serão observadas duas indicações (Sinais), uma do impulso inicial da sonda e outra do eco da parede posterior. No entanto, se o material contiver um defeito interno, uma terceira indicação (Sinal) estará presente, reduzindo simultaneamente a amplitude da indicação da parede traseira. Este método permite a identificação e caraterização de defeitos internos em juntas soldadas, fornecendo informações valiosas para a garantia de qualidade e assegurando a integridade estrutural.

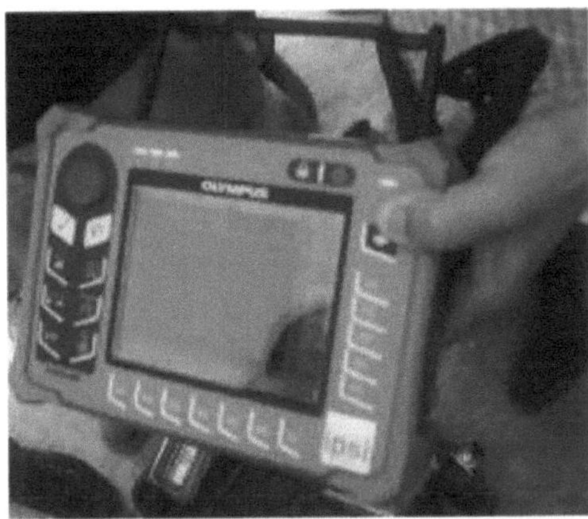

Figura II.14. Dispositivo de deteção por ultra-sons.

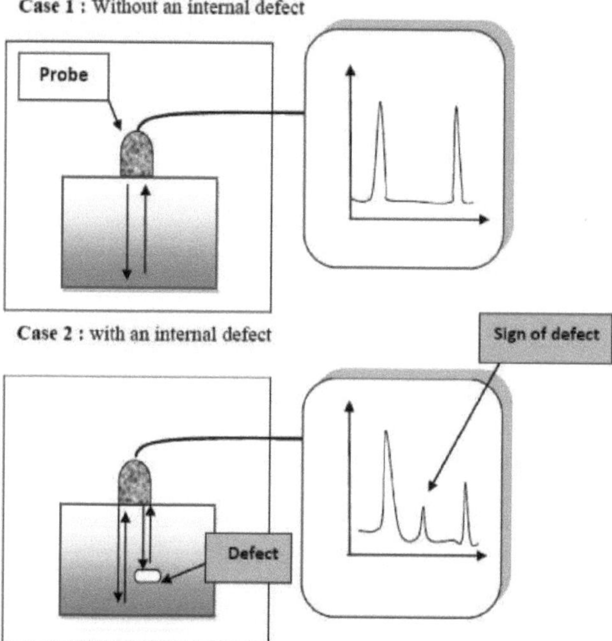

Figura II.15. Princípio do ensaio ultrassónico

A radiografia industrial, ensaio de controlo não destrutivo, permite evidenciar as heterogeneidades físicas (tais como fissuras, buracos, inclusões, etc.) ou químicas (grandes segregações de elementos com números atómicos muito diferentes) através da absorção diferencial de raios X e γ. Este processo imprime uma emulsão fotográfica e a leitura das diferenças de enegrecimento resultantes com uma caixa de luz facilita a deteção e a identificação dos defeitos. O princípio do controlo radiográfico consiste em colocar o objeto a examinar entre uma fonte de radiação (X ou gama) e uma emulsão fotográfica (película de raios X) (Fig. III.16).

O escurecimento da película (após a revelação) depende da quantidade de radiação recebida pela película. As fontes de radiação ionizante são escolhidas com base em factores como a natureza dos materiais a examinar, a espessura que penetram e a qualidade de imagem pretendida.

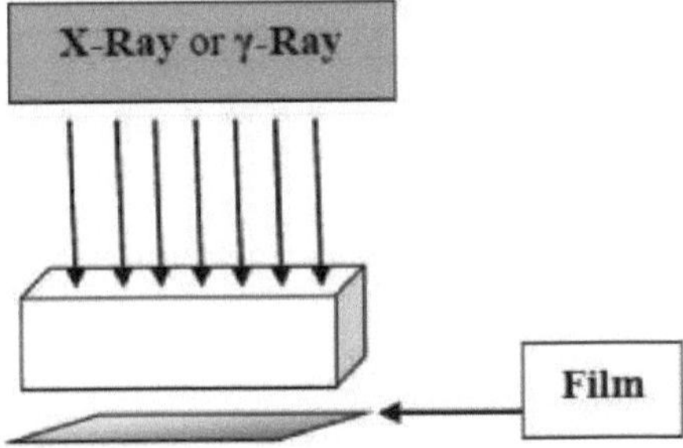

Figura II.16. Princípio da radiografia

Os raios X ou os raios γ são utilizados no domínio da soldadura de condutas para detetar defeitos internos nas juntas soldadas. O controlo radiográfico por meio de radiação gama ionizante (γ) permite a deteção de defeitos de compactação interna, frequentemente muito finos (tais como fissuras, bolhas, inclusões de escória, perfuração, penetração excessiva, falta de penetração, falta de fusão e calha na raiz/externa) na junta soldada. A figura mostra II.17 uma fonte radiográfica (χ) denominada IRIDIUM 192 ver.

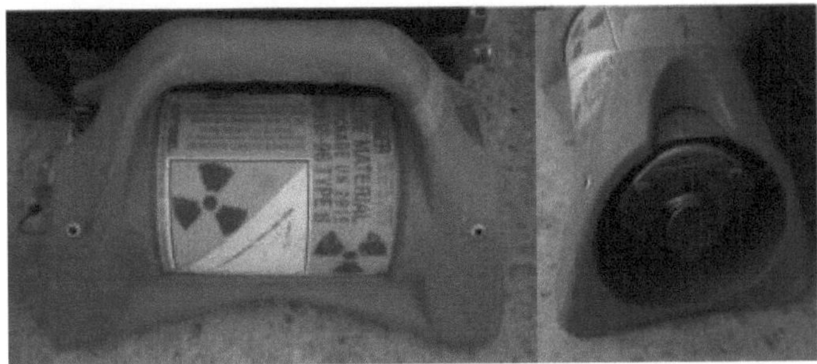

Figura II.17. A fonte de raios gama IRIDIUM 192

A figura II.18 mostra dois exemplos de colocação de filme negativo em juntas de soldadura de tubos de aço.

Figura II.18. Fixação da película radiográfica na zona soldada do aço da conduta.

Como exemplo da aplicação do método radiográfico, a Figura II.19 apresenta o filme radiográfico obtido da junta soldada do aço X60 para tubagem, revelando uma falta de fusão. A ocorrência deste defeito é atribuída a uma tecnologia de soldadura inadequada ou a um aporte energético insuficiente na zona da soldadura. Neste caso, a falta de tratamento de pré-aquecimento antes da soldadura e a baixa corrente de soldadura contribuíram para a formação deste defeito. A Figura II.20 mostra filmes radiográficos adicionais obtidos de outras juntas soldadas.

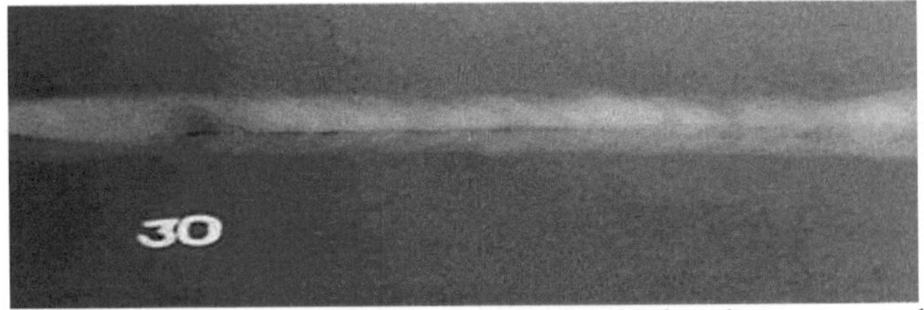

Figura II.19 Filme radiográfico do defeito no interior da soldadura do aço para condutas X60.

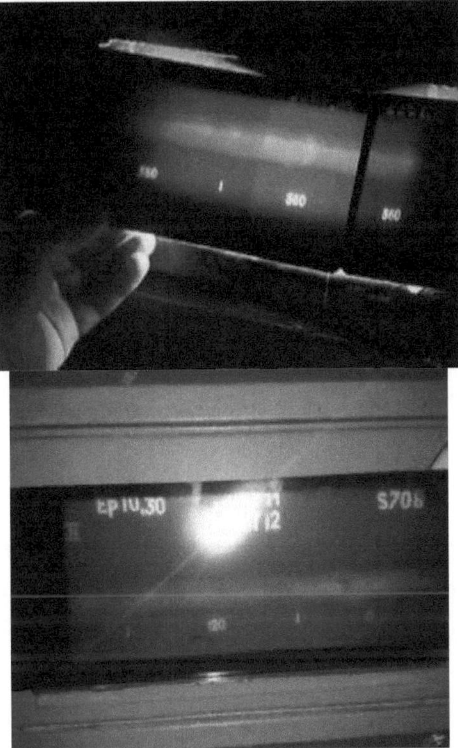

Figura II.20. Filmes radiográficos obtidos de outras juntas soldadas.

Capítulo III

Aspeto metalúrgico da soldadura

111.1.Definição

A soldadura é um processo de fabrico através do qual duas ou mais peças são unidas utilizando calor, pressão ou ambos, resultando na formação de uma junta. A junta acabada é frequentemente designada por soldadura. Esta junta de soldadura requer um estudo metalúrgico para deduzir as suas caraterísticas e propriedades

111.2.Aspeto metalúrgico da soldadura

A metalurgia da soldadura examina o impacto da soldadura nos metais relativamente às suas propriedades físicas, mecânicas e químicas. Normalmente, a fusão e subsequente ressolidificação das ligas durante a soldadura altera efetivamente a microestrutura pretendida, conduzindo a alterações nas propriedades mecânicas e de corrosão.

A metalurgia da soldadura investiga o impacto da soldadura nos metais relativamente às suas propriedades mecânicas, físicas e químicas. Na soldadura convencional, em que o material metálico é fundido na junta de soldadura, a fusão e a subsequente ressolidificação durante a soldadura afectam a microestrutura inicial, resultando em alterações das propriedades mecânicas e de corrosão. As principais técnicas de caraterização de juntas soldadas serão apresentadas juntamente com exemplos:

111.2.1.   Observação macrográfica:

A observação macroscópica da junta de soldadura é o primeiro procedimento para estudar a junta de soldadura. Geralmente, formam-se três zonas simétricas na junta de soldadura: o metal de base (BM), a zona afetada pelo calor (ZTA) e a zona de fusão (ZF). Para melhor visualizar estas três zonas, a Figura III.1 representa a vista macrográfica de uma junta soldada por arco em aço de baixo carbono. De acordo com esta figura, as três zonas distintas (BM, HAZ e FZ) são claramente observáveis.

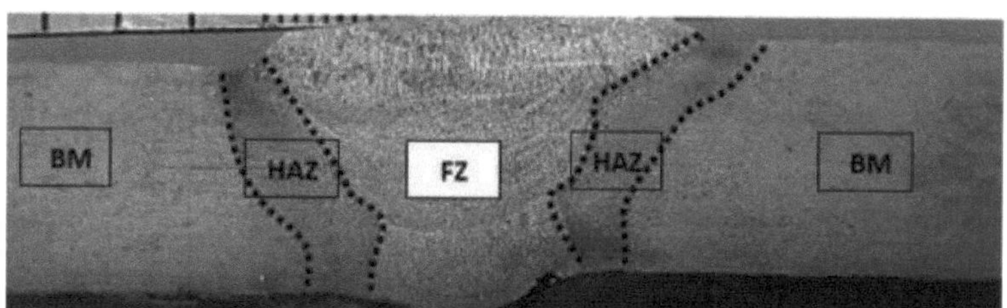

Figura III.1. Vista macroscópica da junta soldada do aço para tubagens X60 pelo processo TIG

111.2.2.   Microscopia ótica

Para visualizar a microestrutura de cada zona, é preferível utilizar um microscópio ótico ou um microscópio eletrónico de varrimento. A figura III.2 ilustra a microestrutura de cada zona no aço de baixo carbono soldado por um processo de soldadura por arco elétrico (TIG). A microestrutura da zona de fusão (Fig.III.a) difere da microestrutura da zona termicamente afetada (Fig.III.b) e do metal de base (Fig.III.c). A microestrutura da zona de fusão é constituída por vários tipos de ferrite, formando uma microestrutura de solidificação devido a um arrefecimento relativamente rápido. Inversamente, a zona termicamente afetada é influenciada pelo calor da zona de fusão, afectando o seu tamanho de grão.

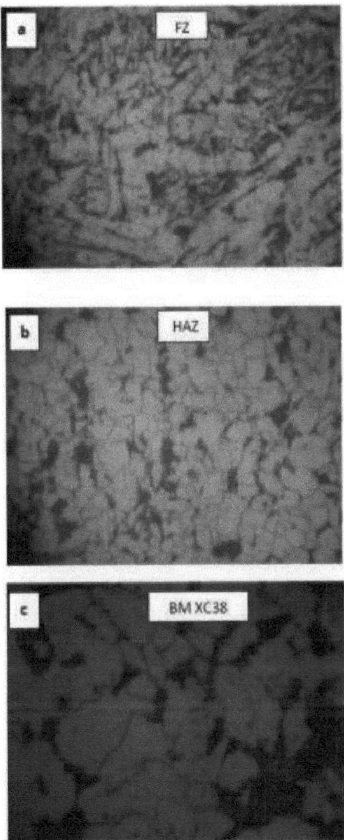

Figura III.2. Microestrutura do aço de baixo carbono (XC38) soldado por um processo de soldadura por arco elétrico.

(a): Metal de base, (b) : Zona afetada pelo calor, e (c) :

Zona de Fusão.

III.2.3. Difração de raios X

Além disso, a difração de raios X é uma técnica capaz de revelar as diferentes fases presentes em cada área da junta soldada. Por exemplo, a Figura (III.3) mostra o difractograma de raios X da junta soldada do aço XC38. Observou-se que os mesmos picos de ferrite (110), (200) e

(211) estão presentes nas três zonas da junta soldada. Este resultado indica que não se formaram novas fases na zona afetada pelo calor ou na zona de fusão.

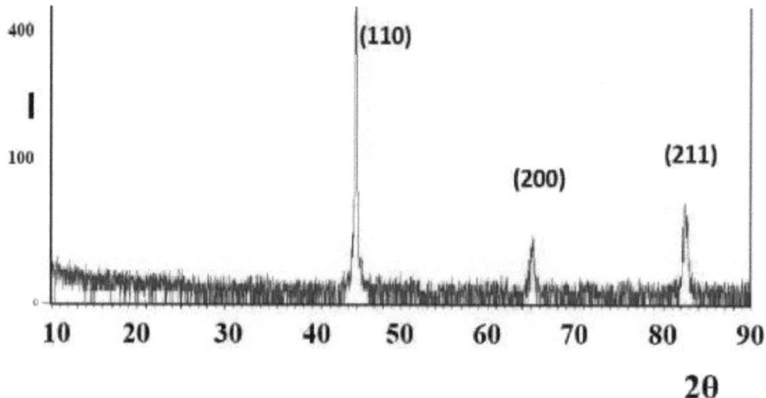

Figura III.3. Difractograma de raios X da junta soldada do aço XC38.

III.2.4. Medições da dureza

As medições de dureza ao longo da junta de soldadura permitem conhecer as propriedades mecânicas da junta de soldadura. A curva de dureza Vickers obtida ao longo da junta de soldadura do aço XC38 ilustra as diferenças de dureza entre as três zonas da junta de soldadura (Fig.III.4). A zona de fusão apresenta a maior duração medida pela dureza.

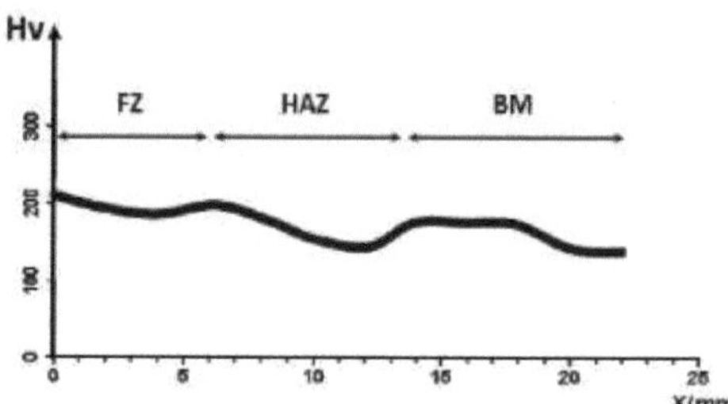

Figura III.4. Curva de dureza Vickers ao longo da junta soldada do aço XC38.

III.2.5. Microscopia eletrónica de varrimento

A observação pelo microscópio eletrónico de varrimento (SEM) pode revelar outros detalhes microestruturais na junta soldada, tal como apresentado na figura III.5. Esta figura mostra a zona de fusão em aço de baixo carbono soldado.

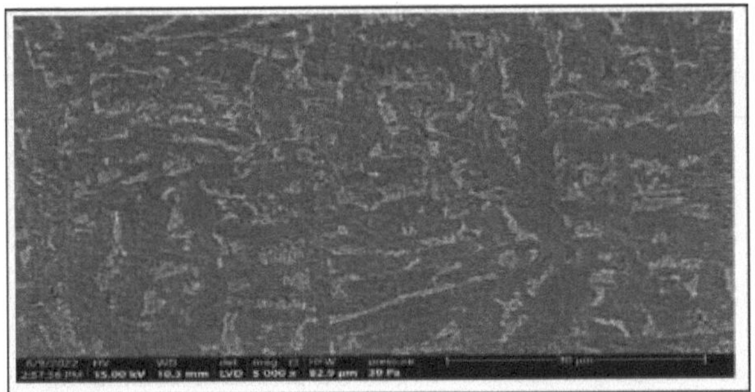

Figura III.5. Observação ao microscópio eletrónico de varrimento do aço de baixo
carbono soldado
pelo processo de soldadura TIG.

III.2.6. Análise EDS

A análise química ao longo da junta soldada é essencial para identificar a difusão e a distribuição dos elementos químicos na junta soldada. Esta análise pode ser efectuada através da espetroscopia de raios X por dispersão de energia (EDS). A Figura III.6 ilustra o espetro de EDS obtido na análise da junta soldada de um aço inoxidável duplex, fornecendo informação sobre a composição química dos principais elementos.

Elemento	% (peso)
Fe	67.6 - 68.8
C	≤ 0,10
Cr	21.5 -21.4
Ni	3.9-5.9
Mo	2.2 - 3.7
Mn	1.0 - 1-6
Si	0.3 - 0.4

Figura III.6. Espectro de EDS obtido da junta soldada por processo TIG de um aço inoxidável duplex, com a composição química dos principais elementos.

III.2.7. Análise EBSD

Outra técnica de caraterização muito valiosa para determinar a orientação dos grãos numa junta soldada é a Difração por Dispersão de Electrões (EBSD). A Figura III.7 mostra um mapa da junta soldada de um aço inoxidável. Utilizando um código de cores, esta figura ilustra as várias orientações dos grãos presentes na junta soldada.

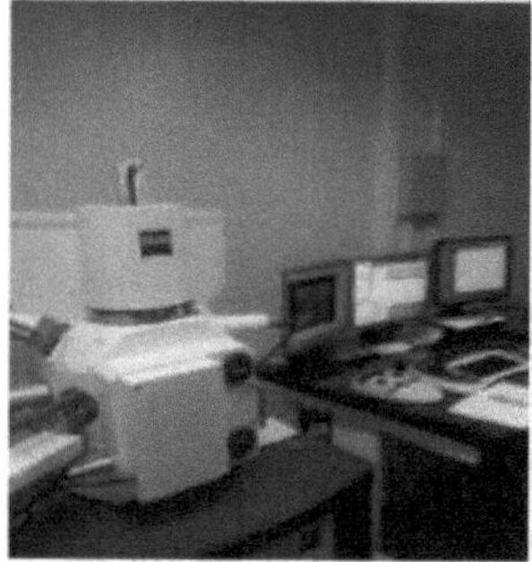

Figura III.7. Mapa EBSD na junta soldada de aço de baixo carbono com aço inoxidável duplex

III.2.8. Ensaio de tração

O ensaio de tração é amplamente utilizado para determinar a resistência à tração de uma junta soldada e para identificar o local de rutura num provete soldado. A Figura III.8 apresenta uma curva de ensaio de tração obtida a partir de um provete de aço soldado.

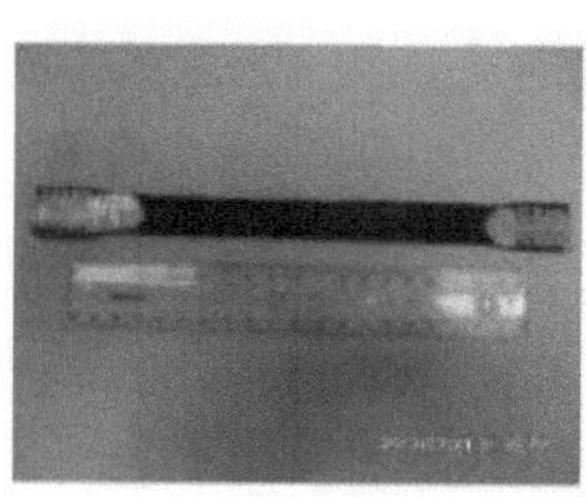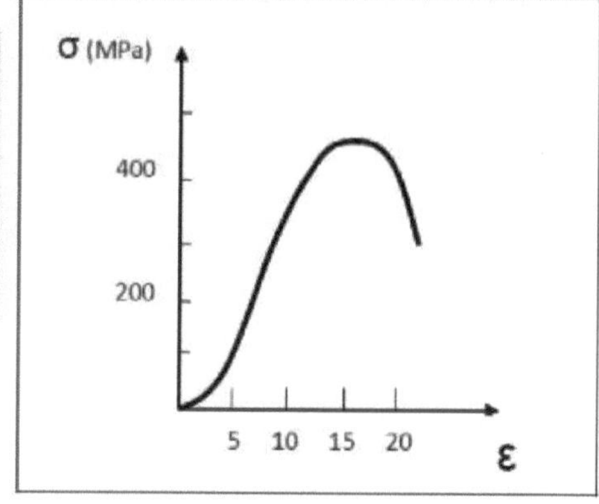

III.2.9. Ensaio de flexão

O ensaio de flexão num espécime soldado é muito valioso para determinar a resistência à flexão do metal soldado e identificar áreas de formação de fissuras. Este ensaio envolve a aplicação de deformação plástica a um provete à temperatura ambiente, dobrando-o. O provete pode ser retirado transversal ou longitudinalmente ao conjunto soldado, com apenas um lado da peça de teste a ser estendido. A flexão continua até que um ramo do provete atinja um ângulo especificado (alfa) com a extensão do outro ramo. A Figura III.9 mostra a macrografia do provete de aço inoxidável austenítico soldado que foi submetido ao ensaio de flexão. Verificou-se que a junta soldada não apresentava quaisquer fissuras.

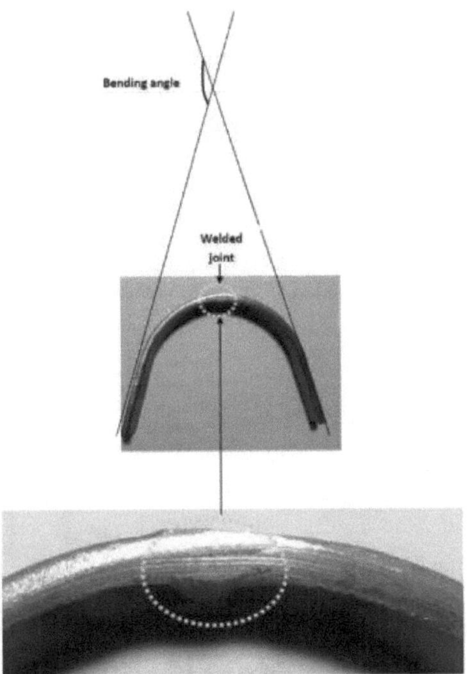

Figura III.9. Ensaio de flexão na junta soldada de um aço inoxidável austenítico

III.2.10. Ensaio de resiliência

O ensaio de resiliência ou ensaio de impacto é aplicado para conhecer a resistência de um material a uma carga rápida. Também pode ser realizado para determinar a resistência ao impacto de um provete soldado, como apresentado na Figura III.10.

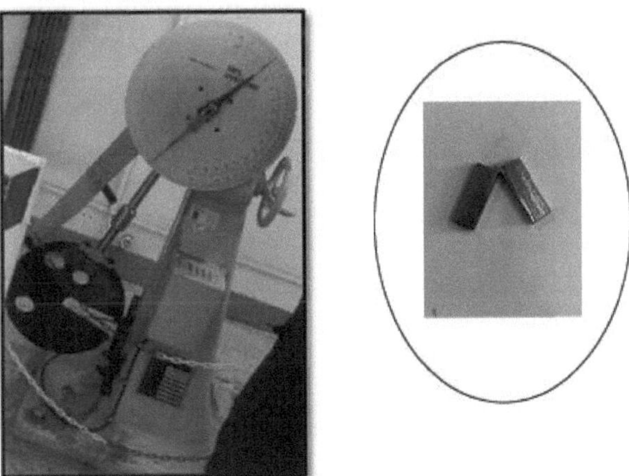

Figura III.10. Uma máquina de ensaio de impacto e uma amostra ensaiada.

III.2.11. Medição das tensões residuais

A medição das tensões residuais numa junta soldada é de grande importância metalúrgica devido às elevadas temperaturas envolvidas no processo de soldadura, frequentemente seguidas de um arrefecimento rápido (arrefecimento por ar). Este arrefecimento rápido resulta na formação de tensões residuais, que podem potencialmente causar danos mecânicos na junta soldada. A determinação dos tipos de tensões residuais (tração ou compressão) permite a implementação de tratamentos térmicos após a soldadura para mitigar os seus efeitos. Uma das técnicas mais utilizadas consiste na utilização de um aparelho de raios X (Fig.III.11), que permite deduzir o tipo (exemplo: tensões residuais compressivas) e a magnitude das tensões residuais na junta soldada. Geralmente, a principal causa das tensões residuais formadas nas juntas soldadas é a taxa de arrefecimento relativamente rápida após a soldadura, que provoca tensões de compressão após a soldadura ou, por exemplo, o fenómeno de retração após a soldadura, que provoca o aparecimento de tensões de tração, mas, segundo vários investigadores, a distribuição das tensões residuais numa junta soldada é um fenómeno complexo.

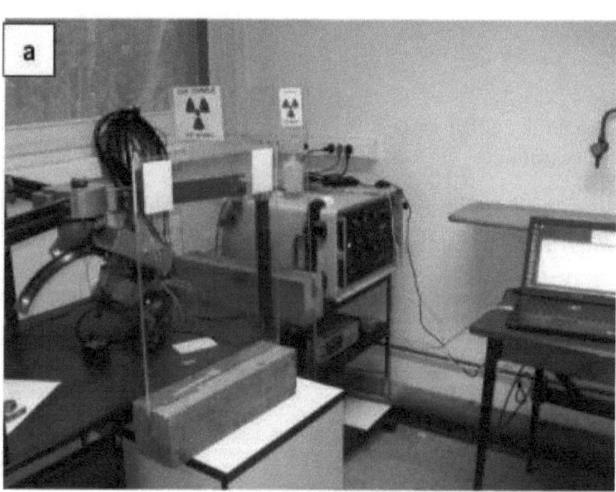

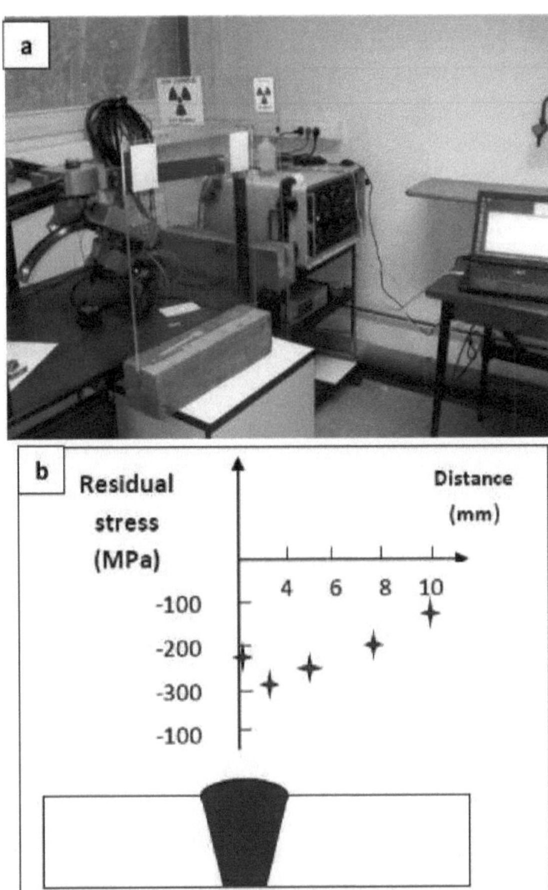

Figura III. 11. Ensaio de tensão residual. (a): Equipamento de medição. (b) : A distribuição de tensões
na região de soldadura do aço de baixo carbono (tensões transversais).

III.3 Diagrama Schaeffler

O diagrama Schaeffler serve de guia para os soldadores na seleção de metais de adição adequados para garantir boas propriedades metalúrgicas (Fig. III.12). Além disso, ajuda a prever os riscos metalúrgicos associados ao conjunto soldado, tais como o risco de fissuração durante a soldadura. O diagrama é construído com base na análise da composição química do aço fundido. É apresentado com o equivalente de crómio (Cr_{Eq}) no eixo x e o equivalente de níquel (Ni_{Eq}) no eixo y. Os equivalentes de níquel e crómio são calculados utilizando as seguintes fórmulas:

$$\textbf{Ni (eq)} = Ni + (30 \times C) + (0{,}5 \times Mn)$$

$$\mathbf{Cr\ (eq)} = Cr + Mo + (1,5 \times Si) + (0,5 \times Nb)$$

O diagrama Schaeffler está dividido em 4 zonas que representam as diferentes estruturas encontradas na soldadura dos aços inoxidáveis.

Zona 1: Martensite (M)
Zona 2: Austenite (A)
Zona 3 ; Ferrite (F)
Zona 4 ; Austeno-ferrite (A+F)

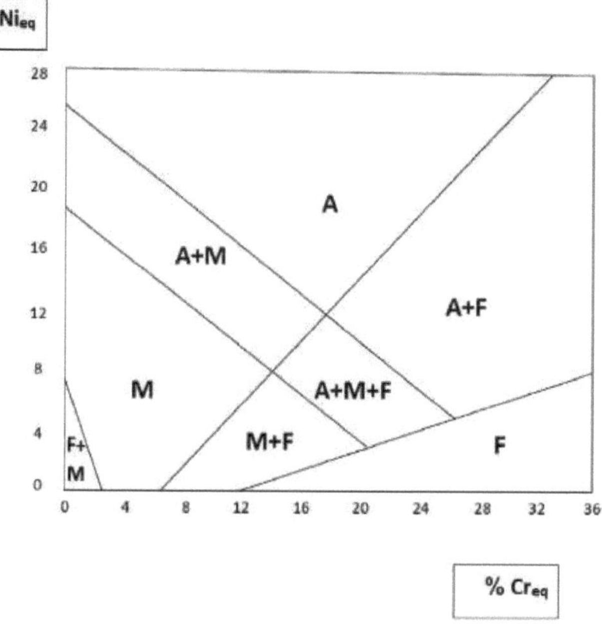

Figura III.12. Diagrama Schaeffler.

III.4. Simulação de soldadura

Dependendo da distância da soldadura, várias partes da Zona Termicamente Afetada (ZTA) podem ser afectadas de forma diferente durante o processo de soldadura. Existem várias descrições da ZTA, uma vez que esta pode ser subdividida em diferentes zonas, cada uma com a sua própria microestrutura (Fig. III.13). É frequentemente dividida em quatro subzonas distintas: zona de grão grosso, zona normalizada, zona parcialmente transformada e zona recozida. A distribuição destas zonas e as suas quantidades podem variar entre diferentes metais soldados. Além disso, a técnica e os parâmetros de soldadura podem influenciar tanto o tamanho como a morfologia dos grãos na ZTA.

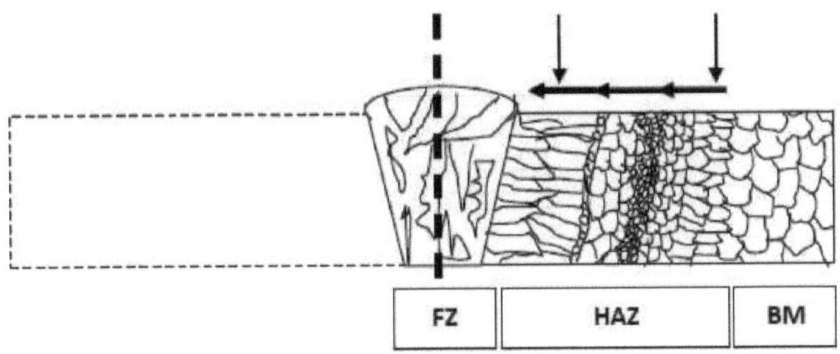

Figura III.13: Ilustração esquemática da junta soldada contendo o metal de base (BM), a zona termicamente afetada (ZTA) e a zona de fusão (ZF).

A zona afetada pelo calor (ZTA) é considerada uma zona crítica da junta de soldadura porque representa uma zona onde pode potencialmente ocorrer uma falha da junta de soldadura. Isto é atribuído à sua microestrutura significativamente diferente em comparação com o metal de base e a zona de fusão. A ZTA é tipicamente muito estreita, o que complica o seu estudo. Por conseguinte, a utilização de métodos de simulação permite a dedução da sua microestrutura e propriedades mecânicas sem soldar efetivamente o metal de base.

A figura III.14 ilustra o aparelho utilizado para simular a zona afetada pelo calor. Trata-se de um sistema de aquecimento rápido da amostra em estudo, que consiste num metal de base nu, seguido de um arrefecimento com ar. A temperatura de aquecimento não excede a temperatura de fusão (Fig.III.15a). Um computador é ligado a este dispositivo para registar a curva de aquecimento, que representa a temperatura em função do tempo do ciclo de aquecimento (Fig.III.15b). Para simular a ZTA, várias amostras (geralmente dez) são utilizadas para efetuar um estudo exaustivo. Posteriormente, as amostras, tratadas termicamente a diferentes temperaturas, são analisadas utilizando várias técnicas de caraterização, tais como microscopia ótica, medições de dureza, etc., para estudar a ZTA.

Figure 14.   **14.** Simulador de ciclo térmico Smitweld TCS 1405 durante a soldadura
ciclos térmicos de simulação.

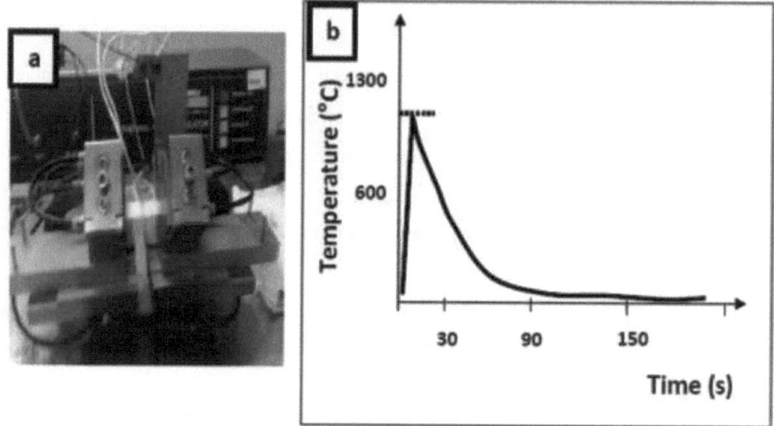

Figure 15.   **15.** (a) A peça de teste durante o aquecimento. (b): O ciclo de aquecimento aplicado ao
ao provete (curva do ciclo térmico).

Figure 16.   16 ilustra o processo de aquecimento da peça de ensaio do metal de base de acordo com o ciclo, que consiste num aquecimento rápido até à temperatura máxima seguido de arrefecimento com ar. A temperatura máxima é atingida após cerca de 24 segundos de aquecimento, o que demonstra a rapidez do processo de aquecimento.

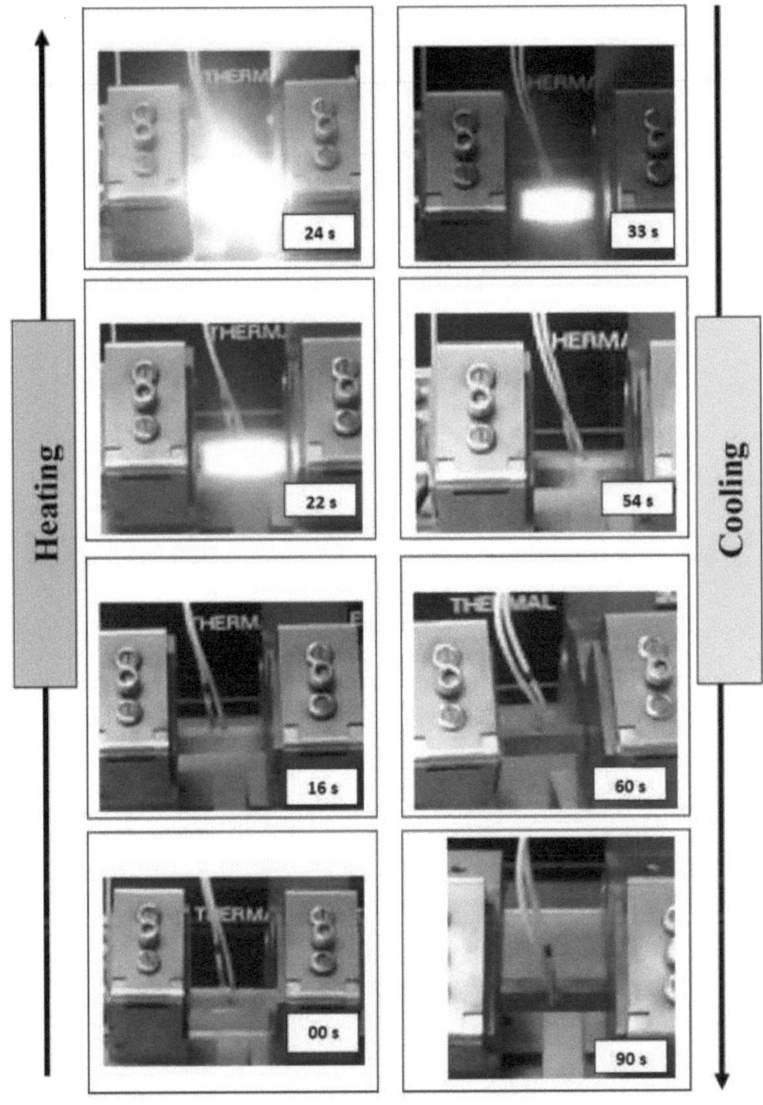

Figura III.16. (a) Amostra aquecida pelo simulador de ciclo térmico de acordo com a curva do ciclo térmico

(aquecimento seguido de arrefecimento).

A Figura III.17 apresenta o estado das amostras submetidas aos diferentes ciclos de aquecimento por esta técnica de simulação de soldadura.

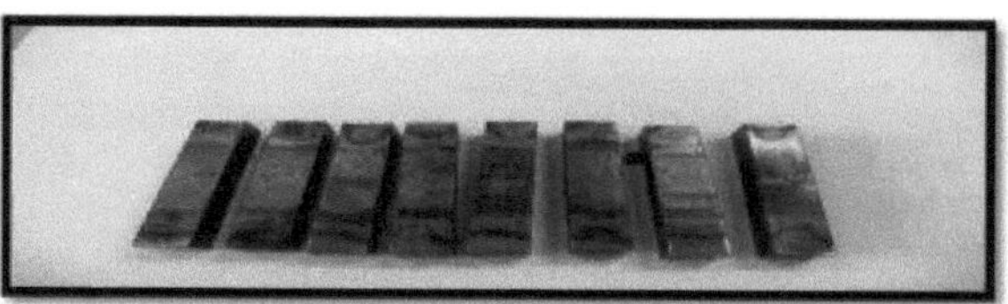

Figura III.17. Amostras utilizadas para a simulação de soldadura

Capítulo IV

Investigação científica no domínio da soldadura

IV.1. Realização de um trabalho de investigação em soldadura

A realização prática da investigação sobre soldadura exige um laboratório equipado com dispositivos e equipamentos específicos. Estes dispositivos e equipamentos podem ser classificados em três grupos.

O primeiro grupo inclui ferramentas de corte ou máquinas utilizadas para extrair amostras soldadas para estudo, tais como serras ou motosserras. O segundo grupo inclui o equipamento de preparação metalográfica, como máquinas de polir equipadas com consumíveis como papéis abrasivos e pasta de diamante, bem como reagentes de gravação para revelar a microestrutura da junta soldada. É de salientar que cada metal ou liga metálica requer reagentes químicos específicos. O terceiro grupo é constituído por vários dispositivos de caraterização, tais como microscópios ópticos, aparelhos de teste de dureza (ou microdureza), máquinas de difração de raios X e outros equipamentos científicos...

Nesta parte, será apresentado um exemplo dessa investigação. A Figura IV.1 mostra uma peça de aço soldada obtida por soldadura por rotação com fricção.

Figura IV.1. Uma peça de aço soldada obtida por soldadura por rotação com fricção.

Em seguida, corta-se uma amostra com uma serra metálica (Fig. IV.2).

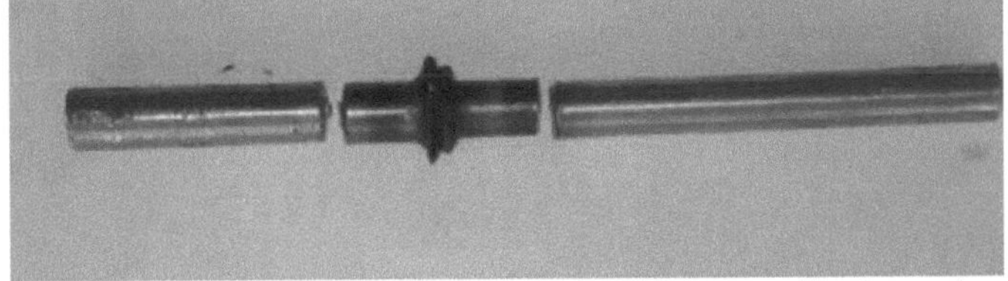

Figura IV.2. Amostra de aço soldado por processo de soldadura por fricção rotativa.

A amostra soldada será submetida a um polimento mecânico para obter uma superfície plana e bem polida (Fig. IV.3), facilitando o ataque químico subsequente para revelar a sua microestrutura.

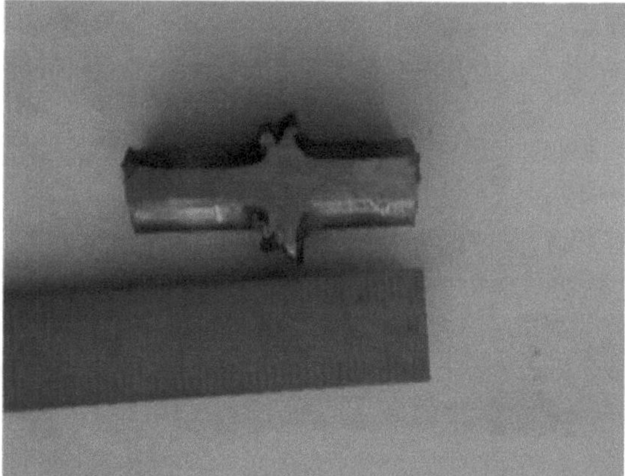

Figura IV.3. Amostra de aço soldado após o processo de polimento.
Após a preparação metalográfica da amostra soldada, podem ser efectuadas observações
microscópicas das várias zonas da junta, juntamente com análises adicionais, tais como
medições de dureza ao longo da junta soldada, etc.

IV.2. Exemplos de trabalhos de investigação em soldadura
Nesta parte, serão apresentados alguns exemplos de investigações de certas soldaduras
efectuadas quer por processos de fusão quer no estado sólido.

IV.2.1. Exemplos de trabalhos de investigação em soldadura por fusão
IV.2.1. Processo de soldadura por arco (TIG)

A figura IV.4 mostra duas chapas de aço de baixo carbono BS2 soldadas por um processo de
soldadura por arco (TIG). As duas zonas primárias, nomeadamente a zona de fusão e a zona
afetada pelo calor, são claramente visíveis. A junta soldada parece estar perfeitamente
executada, sem defeitos aparentes. As larguras destas duas zonas foram medidas como mostra
a figura IV.4.

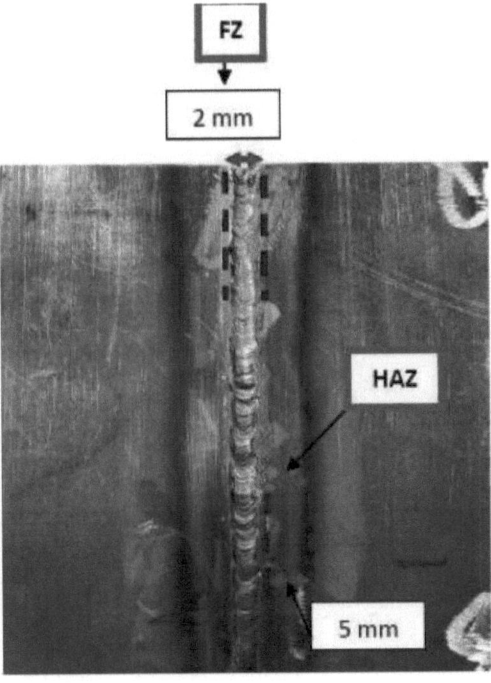

Figura IV.4. Duas chapas de aço de baixo carbono BS2 soldadas por um processo de soldadura por arco
(TIG).

As microestruturas da junta soldada são ilustradas na Figura IV.5. A microestrutura das três zonas da junta soldada (BM, HAZ e FZ) apresenta diferenças significativas.

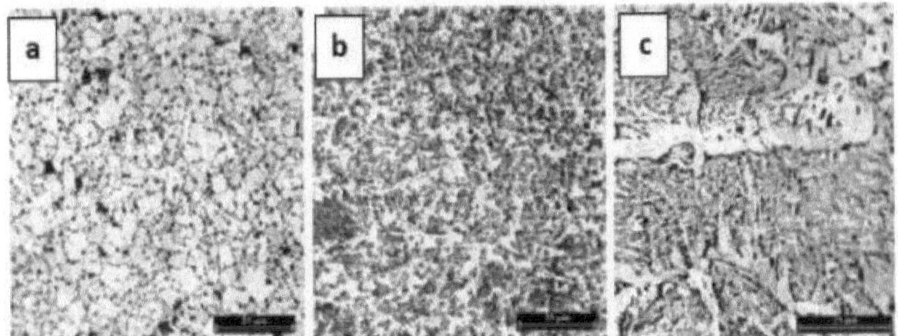

Figura IV.5. Microestruturas da junta soldada de aço de baixo carbono BS2 soldada por um processo de soldadura por arco (TIG). (a) : BM, (b) : ZTA, e (c) : FZ

IV.2.2. Soldadura a laser

A soldadura a laser também pode ser utilizada para soldar materiais metálicos. A Figura IV.6 ilustra o processo de soldadura a laser das mesmas duas chapas de aço de baixo carbono BS2. Neste caso, a junta soldada é muito estreita, com aproximadamente 1 mm de largura, resultando numa zona termicamente afetada muito estreita, o que é desejável. Esta caraterística faz com que a soldadura a laser seja amplamente utilizada, uma vez que uma ZTA estreita melhora as propriedades mecânicas gerais da junta soldada.

Figura IV.6. Processo de soldadura por laser das mesmas duas chapas de aço de baixo carbono BS2.

A figura IV.7 apresenta as microestruturas das três zonas da junta soldada a laser destas duas chapas de aço de baixo teor de carbono BS2. Cada zona apresenta a sua microestrutura particular.

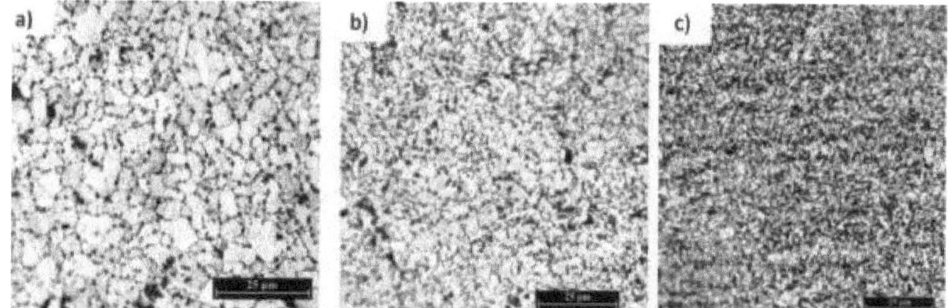

Figura IV.7. Microestruturas da junta soldada de aço de baixo carbono BS2 soldada pelo processo de soldadura a laser. (a) :BM, (b) : ZTA, e (c) : FZ

A Figura IV.8 mostra o difractograma de raios X da junta soldada de aço de baixo carbono BS2, unida pelo processo de soldadura a laser. A ausência de picos correspondentes a novas fases indica que apenas os picos da fase ferrite estão presentes nas três zonas da junta soldada (metal de base, zona afetada pelo calor ou zona de fusão). Assim, pode concluir-se que este processo de soldadura não induziu qualquer transformação de fase específica.

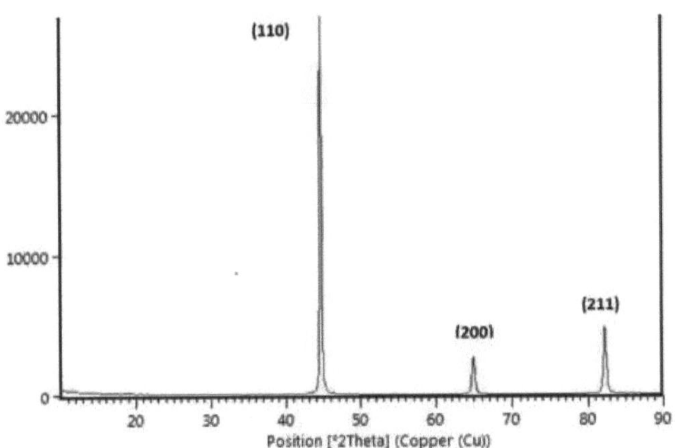

Figura IV.8. Difractograma XRD da junta soldada por processo laser de
aço de baixo carbono

O perfil de microdureza ao longo da junta soldada deste aço de baixo carbono é mostrado na
Figura IV.9. A dureza aumenta do metal de base para a zona de fusão (FZ). Este aumento da
dureza é atribuído à microestrutura da ZF, que contém grãos finos. Além disso, a curva
fornece uma visão das larguras das três zonas (BM, HAZ e FZ), confirmando a visão
macrográfica da junta soldada.

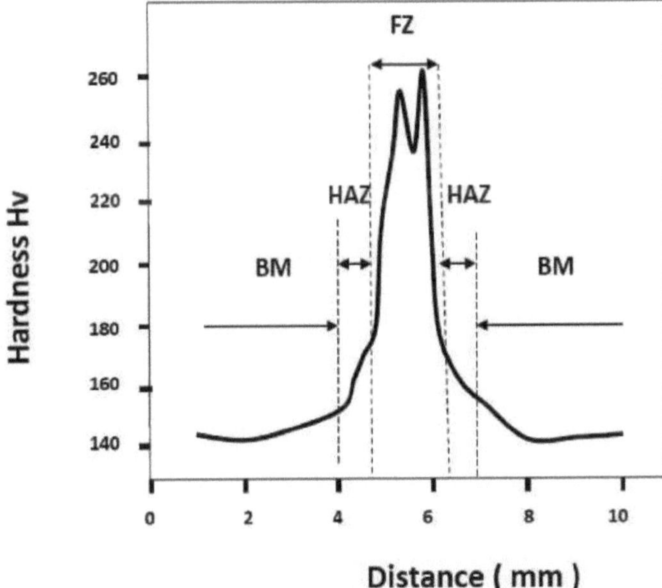

Figura IV.9. Perfil de microdureza ao longo da junta soldada por processo de soldadura a
laser

de aço de baixo carbono.

IV.2.3. Soldadura por indução

Neste segundo estudo, apresentamos uma investigação relativa a um aço de baixa liga A37 utilizado na produção de tubos para transporte de gás, empregando soldadura por indução de alta frequência. As observações ao microscópio ótico revelaram a existência de três zonas (MB; ZAT e ZF), como mostra a Figura IV.10. Estas zonas são constituídas principalmente por fase ferrite, embora variem em tamanho de grão. Nomeadamente, a zona de fusão apresenta grãos finos, indicativos de um arrefecimento rápido. Além disso, podem ser observadas algumas colónias de perlite. Em contraste, a zona afetada pelo calor (HAZ) é caracterizada por grandes grãos de ferrite.

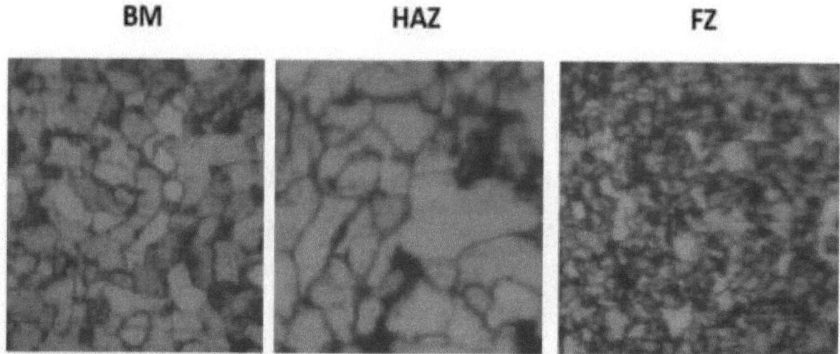

Figura IV.10. Microscopia ótica da junta soldada de um aço de baixa liga A37.

A Figura IV.11 ilustra o perfil de microdureza ao longo desta junta soldada. A variação nos valores de microdureza Vickers é atribuída às diferenças microestruturais entre as três zonas da junta soldada. A dureza aumenta gradualmente a partir do metal de base em direção à zona de fusão, localizada no centro da junta soldada.

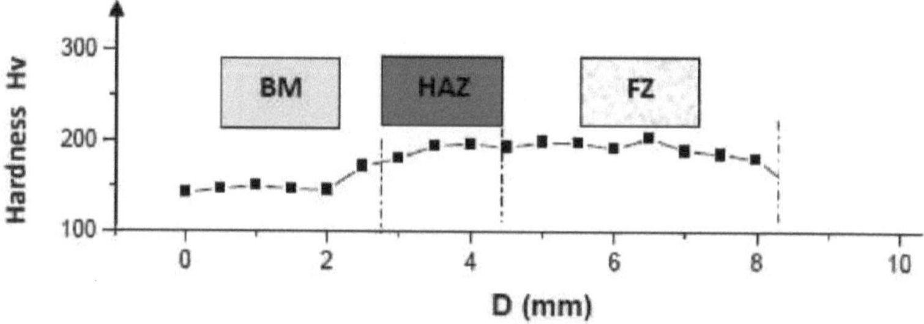

Figura IV.11. Perfil de microdureza ao longo da junta soldada de um aço de baixa liga A37.

IV.3. Exemplos de trabalhos de investigação em soldadura no estado sólido

IV.3.1. Soldadura por fricção rotativa de aço

Neste estudo, é apresentada a soldadura por fricção rotativa de aço de baixo carbono. Fricção A soldadura por rotação foi realizada em duas varas de aço de baixo carbono, cada uma com 6 mm de diâmetro (Fig.IV.12). A velocidade de rotação necessária para formar uma junta soldada foi de 2500 rpm, com um tempo total de soldadura de 52 segundos.

A Figura IV.13 mostra a microestrutura da junta soldada, revelando diferenças no tamanho do grão a partir da zona central (zona de contacto entre as duas barras de aço) em direção ao metal de base. Esta zona de contacto é caracterizada por uma faixa de grãos finos com cerca de 10 μm de largura. A formação desta área de grão fino é atribuída à elevada deformação e temperatura durante o processo de soldadura, levando a uma reação de recristalização. A variação na microestrutura de uma área para outra resultou numa variação correspondente na dureza.

Figura IV.12 Soldadura por rotação e fricção de varetas de aço de baixo carbono com uma velocidade de rotação
de 2500 rpm.

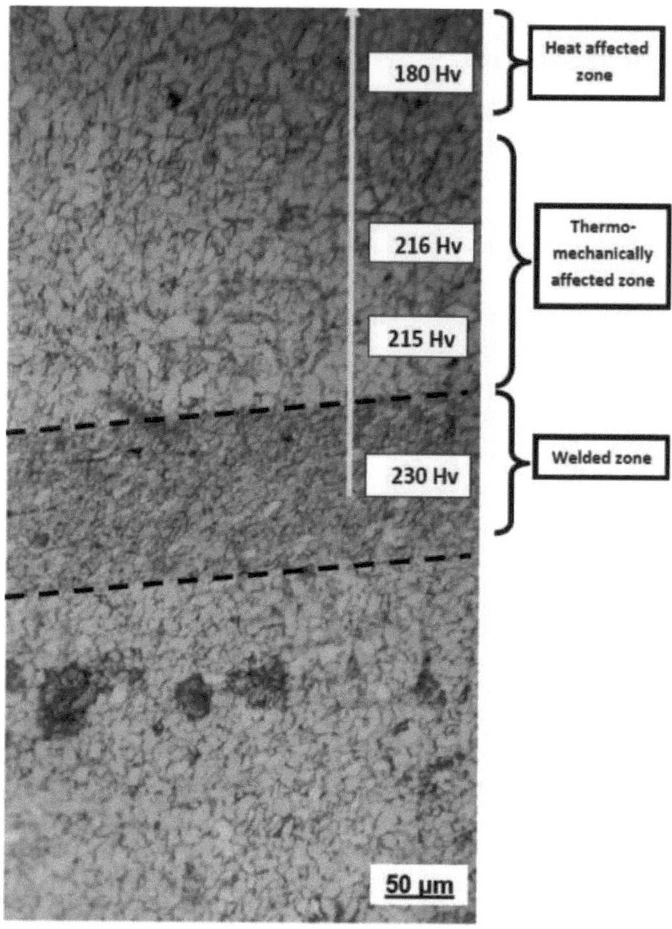

Figura IV.13. Microestrutura da junta soldada por RFW a 2500 rpm de aço de baixo carbono

Capítulo V

Soldadura de materiais metálicos dissimilares

V.1. Introdução

A soldadura de materiais dissimilares, quer se trate de unir um material metálico a um material cerâmico ou de soldar metais dissimilares como o aço a uma liga de cobre, continua a ser uma necessidade industrial e um desafio científico. Apesar da procura crescente, o número de metais dissimilares soldados entre si está a aumentar lentamente. Isto deve-se ao facto de tais conjuntos exigirem uma seleção cuidadosa do método de soldadura adequado e um controlo preciso das condições de soldadura.

A soldadura dissimilar consiste em unir materiais com ligas diferentes através da soldadura. Várias indústrias requerem a montagem de diferentes materiais para produzir peças de máquinas, ferramentas e outros componentes específicos. A investigação científica sobre a soldadura de metais dissimilares é crucial devido à expansão das suas aplicações em muitos sectores industriais.

Por exemplo, o estudo dos compostos intermetálicos formados entre metais diferentes é essencial para determinar a sua suscetibilidade à fissuração, ductilidade, resistência à corrosão e outras propriedades. Se a zona intermetálica for excecionalmente frágil, a falha em serviço pode ocorrer prematuramente. A compreensão deste fenómeno é importante para garantir a fiabilidade e o desempenho das estruturas soldadas em várias aplicações.

A previsão do sucesso da vida útil de uma junta de metal dissimilar envolve a consideração de vários factores, tais como o coeficiente de expansão térmica dos dois materiais. Diferenças significativas nos coeficientes de expansão térmica podem levar à criação de tensões internas na zona intermetálica durante as mudanças de temperatura na soldadura.

É também essencial considerar a diferença de temperaturas de fusão dos dois metais a unir, especialmente nos processos de soldadura que envolvem calor. Um metal pode fundir-se muito antes do outro quando sujeito à mesma fonte de calor. Nesses casos, um processo de soldadura com elevada entrada de calor pode ter uma vantagem, permitindo uma soldadura rápida.

Além disso, a diferença entre os metais na escala eletroquímica indica a sua suscetibilidade à corrosão na zona intermetálica. Se os metais estiverem muito afastados na escala, a corrosão pode constituir um problema grave. Nalgumas situações, o único método viável para uma união bem sucedida é a utilização de um material de transição entre os dois metais diferentes. Este material de transição ajuda a atenuar as diferenças de propriedades e promove uma junta mais forte e mais fiável...

V.2. Técnicas de soldadura de materiais metálicos dissimilares

Com base nos trabalhos de investigação anteriores, a soldadura de metais dissimilares pode ser efectuada pela maioria dos processos de soldadura. A Tabela V.1 resume as diferentes técnicas de soldadura que têm sido utilizadas para soldar metais dissimilares.

Tabela V.1Diferentes técnicas de soldadura que têm sido utilizadas para soldar metais dissimilares.

Metais dissimilares	Técnica de soldadura
Liga de alumínio 6061-T6 para aço de fase dupla,	Soldadura por sobreposição por fricção
Liga de alumínio AA1100 e aço macio	Soldadura por fricção rotativa
aço para cobre	Processo de fricção rotativa,
Liga de alumínio comercial com cobre puro	Soldadura por difusão Soli-State
Aço X70 a aço inoxidável Duplex,	Ligação por difusão em estado sólido
316l a 316 inoxidável austenítico	Processo de soldadura TIG
Liga de alumínio AA5754 para liga de alumínio AA1050	Soldadura topo a topo por fricção
Soldadura por arco com gás de tungsténio de aço X70 a aço inoxidável duplex,	Soldadura por arco de tungsténio gasoso,
Aço inoxidável austenítico a aço galvanizado	Soldaduras por pontos de resistência
De aço inoxidável a aço-carbono	Soldadura explosiva
Aço inoxidável AISI 430F para aço inoxidável AISI 304	Soldadura a laser
Aço ferrítico-martensítico e aço inoxidável 316L	Soldadura por feixe de electrões (EBW)

V.3. Exemplos de soldadura de materiais metálicos dissimilares

Nesta secção, o primeiro exemplo de soldadura em estado sólido apresentado é a soldadura por difusão em estado sólido. O exemplo envolve a soldadura de dois aços dissimilares: um aço de baixo carbono X70 e um aço inoxidável duplex. O processo de soldadura foi realizado a 1150°C durante 45 minutos sob vácuo.

A figura V.1 ilustra a microestrutura da junta soldada por ligação por difusão no estado sólido, com a interface de contacto entre os dois aços representando a interface de interdifusão de certos elementos de ambos os aços dissimilares.

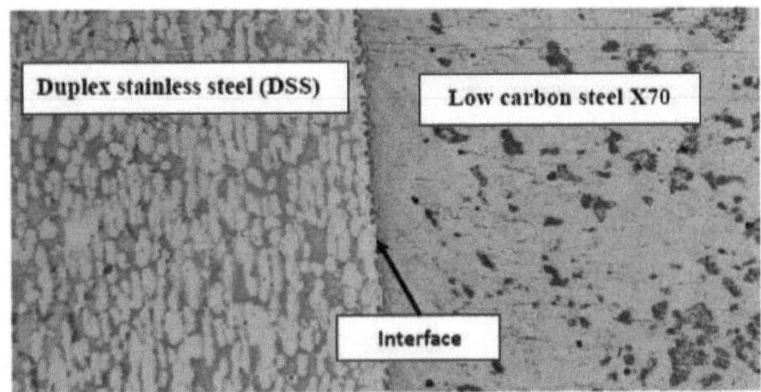

Figura V.1. Microestrutura da junta soldada por difusão em estado sólido do aço de baixo

carbono X70 ao aço inoxidável duplex (DSS) a 1150 C durante 45 minutos

A figura V.2 apresenta os perfis de distribuição de elementos químicos específicos ao longo da interface de contacto entre os dois aços dissimilares. Por exemplo,

O crómio difunde-se do aço inoxidável duplex para o aço de baixo carbono

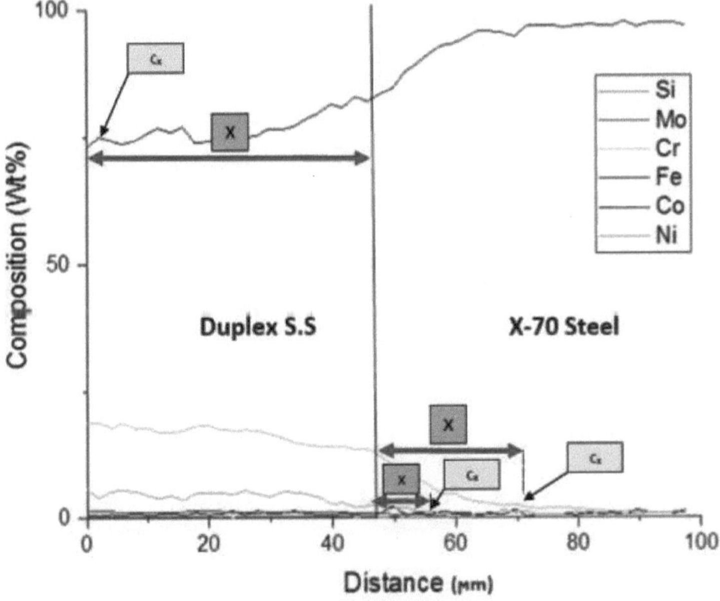

Figura V.2. Perfis de distribuição de certos elementos químicos (Si, Mo,Cr, Fe, Co e Ni) ao longo da interface de contacto entre os dois aços dissimilares soldados.

O valor da concentração de cada elemento através da interface pode ser deduzido da expressão de Cx e deduzido da segunda lei de Fick:

$$c_x = (c_1+c_2)/2 - [(\mathbf{C1\text{-}C2})/2]\mathrm{erf}[\,x/(2\sqrt{Dt}\,)](1)$$

A partir da expressão de Cx, é possível calcular o coeficiente de difusão de cada elemento. Os coeficientes de difusão dos principais elementos estão reunidos na tabela V.2.

Tabela V.2. Coeficientes de difusão de Fe, Cr e Ni.

Elemento	Fer	Cr	Ni
D (m^2/s)	4.62×10^{-14}	1.65×10^{-14}	0.51×10^{-14}

Além disso, a observação por microscopia eletrónica de varrimento (MEV) pode revelar detalhes específicos na interface de contacto entre aços dissimilares (Fig.V.3). É evidente que esta interface tem uma largura considerável e apresenta uma cor escura.

Figura V.3. Observação SEM da junta soldada por difusão em estado sólido do aço de baixo carbono X70 ao aço inoxidável duplex (DSS) a 1150 °C durante 45 minutos

Além disso, a utilização da difração de retrodispersão de electrões (EBSD) para analisar a interface de contacto entre estes dois aços diferentes permite determinar a estrutura cristalina local e a orientação dos cristais nesta área. A Figura V.4 apresenta três mapas EBSD na região da interface, onde o código de cores indica diferenças na morfologia e orientação em ambos os lados da interface.

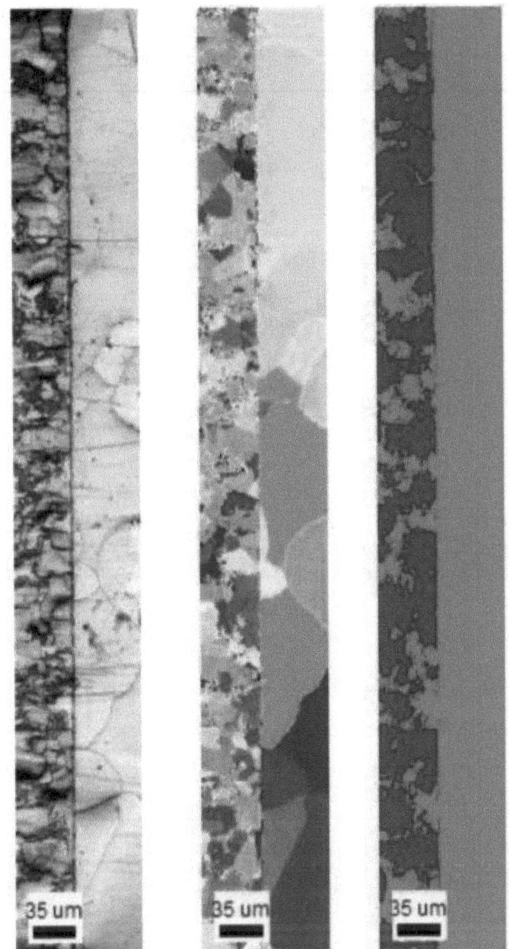

Figura V.4. Mapas EBSD da junta soldada por difusão em estado sólido do aço de baixo carbono X70 ao aço inoxidável duplex (DSS) a 1150 °C durante 45 minutos

Do mesmo modo, as medições de microdureza através da interface de contacto de aços dissimilares revelam diferenças nos valores de dureza entre estes dois materiais (Fig.V.5). Além disso, a dureza na superfície de contacto parece ligeiramente mais elevada em comparação com os valores de dureza medidos nos dois aços dissimilares.

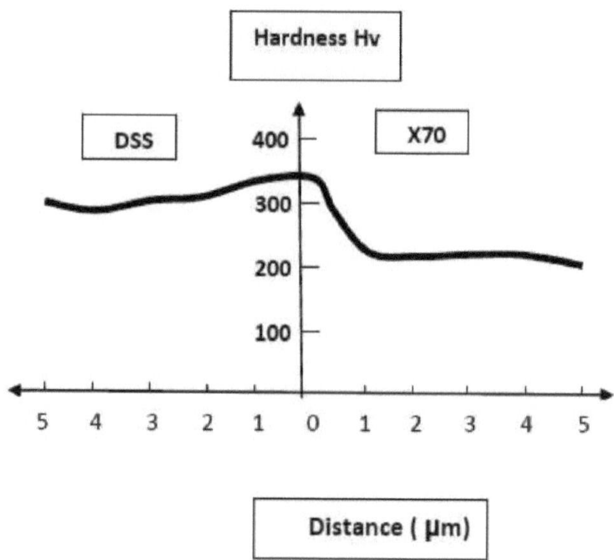

Figura V.5 Perfil de microdureza ao longo da junta de soldadura por difusão de um aço de baixo

carbono para um aço inoxidável duplex

O segundo exemplo de soldadura por difusão em estado sólido envolve a soldadura de cobre puro a uma liga de alumínio contendo 97,5 % em peso de Al, 0,5 % em peso de Si, 0,3 % em peso de Mg, 1,3 % em peso de Mn e 0,7 % em peso de Fe. Placas de cobre e alumínio, cada uma medindo 50 mm × 10 mm × 50 mm, foram soldadas a 550°C.

A Figura V.6 ilustra a microestrutura da junta soldada entre o cobre e a liga de alumínio. As camadas distintas formadas na interface de contacto correspondem às fases intermetálicas formadas durante o processo de ligação.

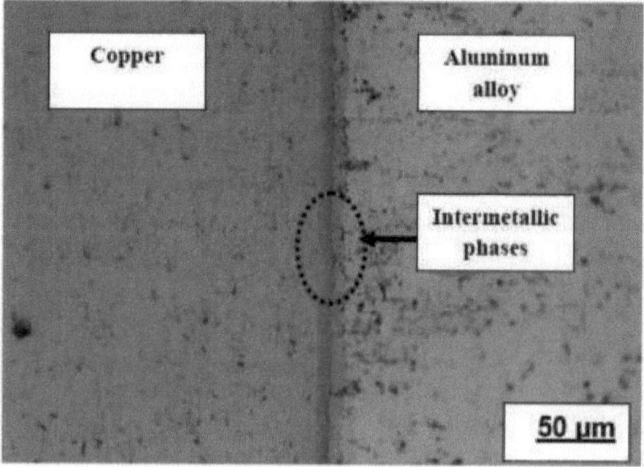

Figura V.7. Ligação por difusão de uma liga de alumínio ao cobre a 550 °C.

O traçado da curva de dureza (Fig. V.8) ao longo da junta soldada revela os elevados valores de dureza das camadas intermetálicas formadas durante o processo de difusão no estado sólido.

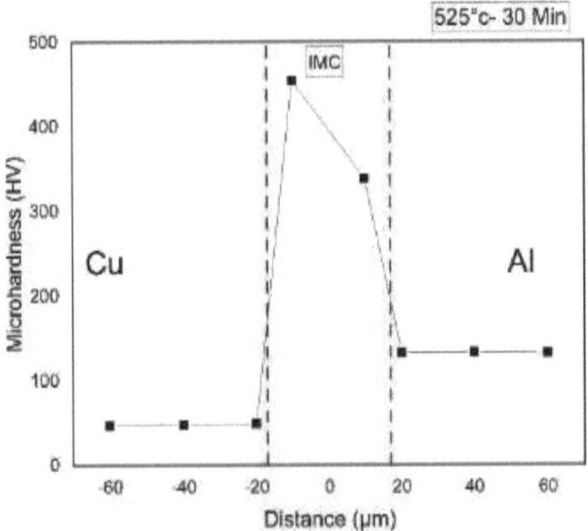

Figura V.8. Perfil de microdureza ao longo da junta de soldadura por difusão de uma liga de cobre e
alumínio.

O terceiro exemplo envolve a soldadura por rotação e fricção de aço a uma liga de cobre. A Figura V.9 representa uma amostra soldada a partir de duas barras redondas de cobre e aço, mostrando a formação de um cordão na junta de soldadura. Este cordão resulta da elevada deformação térmica durante a soldadura por fricção, em que são aplicadas simultaneamente uma elevada velocidade de rotação e pressão.

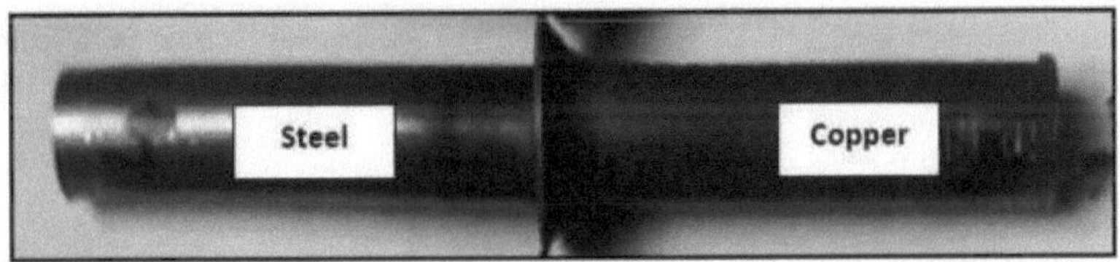

Figura IV.9. As duas barras de aço-cobre soldadas por rotação por fricção a uma
velocidade de rotação
de 1000 rpm.

A figura V.10a apresenta a vista macrográfica da amostra soldada, enquanto a figura V.10b apresenta a microestrutura obtida numa secção longitudinal da junta soldada. Ilustra a zona de soldadura com a incorporação dos dois materiais um no outro sob o efeito da elevada fricção durante a soldadura.

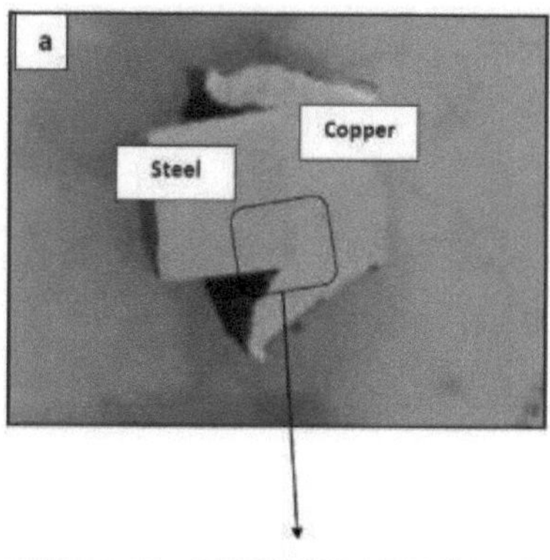

Figura V.10. Microestrutura da junta cobre/aço soldada por rotação por fricção a uma velocidade de rotação de 1000 rpm.

A figura V.11 ilustra o perfil de microdureza ao longo da junta soldada por fricção-rotação destes dois materiais dissimilares. Esta curva revela que a dureza não é homogénea ao longo da junta soldada, com o maior valor de dureza medido na interface de contacto (zona central). Este aumento da dureza é atribuído à mistura dos dois materiais, resultando num endurecimento local da junta de soldadura.

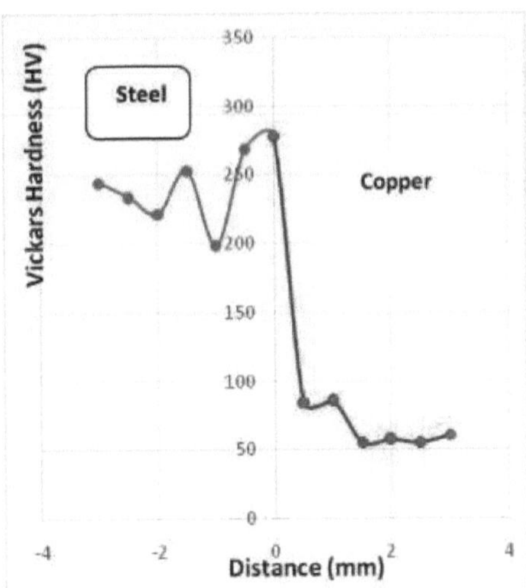

Figura V.11. Perfil de microdureza ao longo da junta soldada por fricção-rotação de dois materiais dissimilares (Cobre/Aço).

O quarto exemplo envolve a soldadura TIG de dois aços inoxidáveis dissimilares, especificamente 316 e 316L, utilizando o processo de soldadura TIG. Adicionalmente, foi estudado o efeito do tratamento térmico nas juntas soldadas. Foi realizado um recozimento isotérmico a 300°C durante 30 minutos num forno elétrico.

O processo de soldadura TIG standard foi empregue nos aços inoxidáveis austeníticos tubulares 316 e 316L, utilizando um fio de enchimento ER316L. Estes aços inoxidáveis são normalmente utilizados em instalações petrolíferas. A Figura V.12 mostra o tubo soldado de aço inoxidável austenítico 316L a 316.

Figura V.12. O tubo soldado de aço inoxidável austeítico 316L a 316.
(0=101 mm, Espessura= 6,02 mm).

A figura V.13 mostra uma vista macrográfica da amostra soldada, onde é possível distinguir a zona de fusão do metal de base e da zona afetada pelo calor.

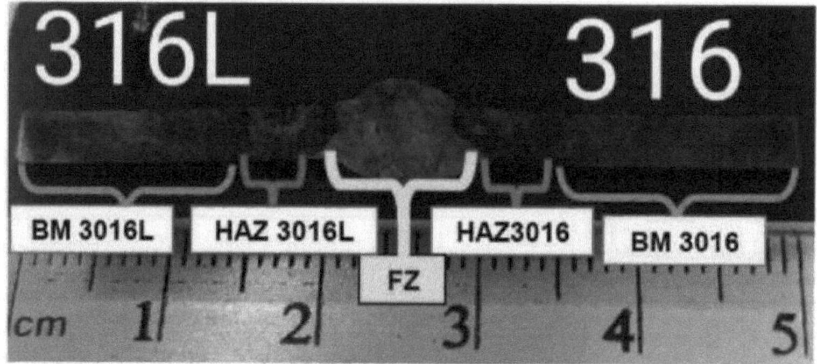

Figura V.13. Vista macrográfica de uma amostra colhida de 316L para 316 tubo soldado de aço inoxidável austenítico.

A figura V.14 mostra as microestruturas retiradas das diferentes zonas da junta soldada não tratada termicamente (Fig.V.14.a-e) e da junta soldada tratada termicamente a 300°C durante 9 horas (Fig.V.14a'-e'). Em primeiro lugar, para a junta soldada e não tratada termicamente, a microestrutura da zona de fusão (V.14c e c') é totalmente diferente quer da zona afetada pelo calor (V.14b, b', d e d') quer do metal de base (V.14a e a'). A microestrutura da zona de fusão é semelhante a uma microestrutura de solidificação, uma vez que é caracterizada pela formação de dendritos e grãos alongados. A ZF é formada por duas fases, a fase austenítica como matriz (cor escura) e a fase ferrítica (δ) (cor branca). Foi relatado que durante o processo de resfriamento, a δ-ferrita primária solidifica na zona de fusão e depois se transforma em austenita (γ). Como a transformação $\delta \rightarrow \gamma$ é um processo controlado por difusão, o resfriamento rápido no processo TIG não fornece tempo suficiente para completar a transformação de fase, portanto, parte da δ-ferrita é retida na FZ na forma dendrítica "esquelética" na matriz austenítica.

Além disso, observa-se uma linha de fusão que separa a zona de fusão e a ZTA. Esta linha de fusão será discutida mais tarde. Relativamente à ZTA, esta zona é caracterizada por grãos que são geralmente maiores em comparação com os grãos dos dois metais de base (316 ou 316L). No entanto, o efeito do tratamento térmico a 300°C na junta soldada é observado principalmente na zona de fusão, ao contrário das duas outras zonas (ZTA ou BM). A zona de fusão foi submetida a uma reação de crescimento dos constituintes que formam esta zona.

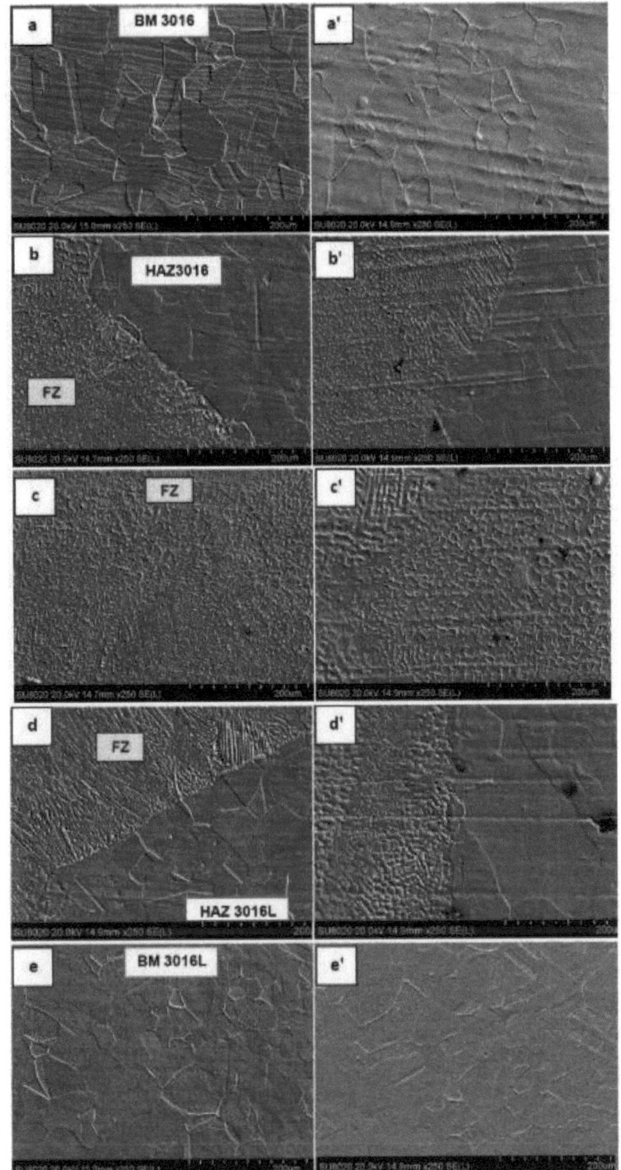

Figura V.14. Microestruturas da junta soldada de aços inoxidáveis austeníticos dissimilares 316L e 316 (a-e), e após tratamento térmico a 300 °C durante 9h (a'-b').

A Figura V.15 apresenta o espetro EDS da análise química na zona de fusão da junta soldada. Este resultado confirma a existência dos principais elementos (Fe, Cr, Ni, C, Mo, Mn, e Si) que existem nos dois aços dissimilares e no elétrodo

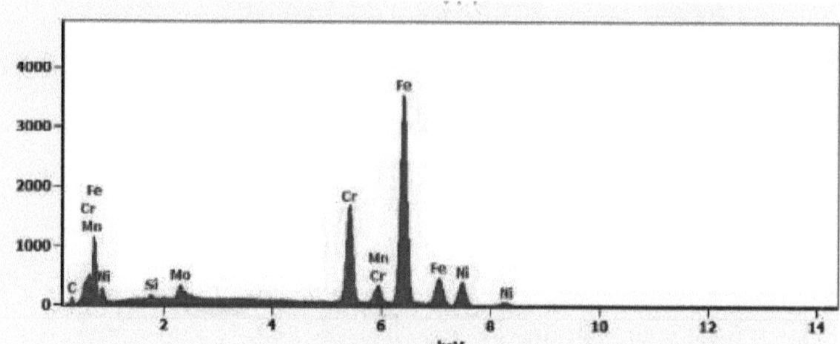

Figura V.15. Espectro EDS de ZF numa junta soldada de materiais austeníticos dissimilares aços inoxidáveis 316L e 316.

Referências

[1] Metalurgia da Soldadura: Methods, Metallurgy, and performance, F. Khoshnaw, Welding of Metallic Materials, 1ª Edição, Elsevier, 628 páginas, 2023.

[2] A. Ladjimi, Estudo de defeitos de fusão na junta de solda, Dissertação de Mestrado, Universidade de Biskra, 2017. (Supervisionado pelo Prof. Zakaria Boumerzoug)

[3] A. Laadjimi, Z. Boumerzoug, Defeitos de soldadura em condutas de aço X60 soldadas, BBK 1 R76, 2018

[4] N. E. Djimaoui, Z. Boumerzoug. Soldadura a laser e TIG de aço de baixo carbono para a indústria de reservatórios de GPL. Insights Min Sci technol.2023; 4(1):555627.

[5] N. E. Djimaoui, Soldadura a laser e TIG de reservatórios de GPL em aço, , Dissertação de Mestrado, Universidade de Biskra, 2022. (Supervisionado pelo Prof. Zakaria Boumerzoug)

[6] K. Kalaiselvan, I. Dinaharan, N. Murugan, Routes for the Joining of Metal Matrix Composite Materials, Materials Science, Engineering. Editora: Elsevier, 2021.

[7] H. Guo, J. Pandher, M. van Tooren, S.Wang, Modelagem de processo de indução para compósito termoplástico por redes neurais, Anais da Conferência SAMPE. Charlotte, NC, 20-23 de maio de 2019.

[8] U. Reisgen, S. Gach, Capítulo 2 - Soldadura por feixe de electrões, Advanced Joining Processes Welding, Plastic Deformation, and Adhesion, pp; 35-65.2021.

[10]E.G. Koleva e G.M Mladenov, Experiência em soldadura por feixe de electrões, In :In book: Aspectos Práticos e Aplicações da Irradiação por Feixe de Electrões, (pp.95-133) Capítulo: 4, Publisher: Transworld Research Network, Editores: Monica R. Nemtanu e Mirela Brasoveanu, 2011.

[11]M.Pfeifer, Capítulo 5 - Considerações sobre o processo de fabrico, em Materials Enabled Designs, pp:115-160. 2009.

[12]R. Patel, D. Patel, D. Meshram, A Review on non-destructive testing (NDT) techniques: Advances, researches and applicability. International Journal of Current Science Research and Review, 05, 04 de abril de 2022.

[13]T. Gietzelt, Volker Toth, Andreas Huell, Diffusion bonding: Influência dos parâmetros do processo e da microestrutura do material, Capítulo do livro: Joining Technologies, Editado por MahadzirIshak, InTech. 2016. Disponível em:
http://dx.doi.org/10.5772/61698

[14]B. B.Sherpa e R. Rani, Explosive welding process to clad materials with dissimilar metallurgical properties, capítulo do livro: Material Flow Analysis, Editado por Sanjeev Kumar, InTech. 2021.

[15]P.S. Korinko , Forge and coextrusion welding, Capítulo no livro: Welding Fundamentals and Processes, ASM Handbook, Editado por T. Lienert; T. Siewert; S. Babu; V. Acoff, 2011.

[16]M. Cabibbo, A. Forcellese, E. Santecchia, C. Paoletti, S. Spigarelli, M. Simoncini, New approaches to friction stir welding of aluminum lightalloys. Metals,10, 233. 2020.

[17]M. Gavalec, I. Barenyi , M. Krbata, M. Kohutiar, S. Balos , M. Pecanac. O efeito das condições de soldadura por fricção rotativa na microestrutura e nas propriedades mecânicas das soldaduras da liga de titânio Ti6Al4V. Materiais (Basileia). 2023 Sep 29;16(19):6492. doi: 10.3390/ma16196492. PMID: 37834629; PMCID: PMC10573796.

[18]N.K.Mishra, A.Shrivastava, Melhoria da resistência e ductilidade da soldadura por fricção rotativa do Inconel 600 e do aço inoxidável 316L com intercalar Cu. CIRP J. Manuf. Sci. Technol. 41:19-29. 2023.

[19] A.U.Rehman, Y.Usmani, A.M. Al-Samhan, S. Anwar, Soldadura por fricção rotativa de Inconel 718 a Inconel 600. Metais. 11:244. 2021.

[20] R. Sakano, K. Murakami, K. Yamashita et al., "Development of spot FSW robot system for automobile body members," in Proceedings of the 3rd International Symposium of Friction Stir Welding, Kobe, Japão, 2004.

[21] N.-T. Nguyen, D.-Y. Kim, e H. Y. Kim, "Assessment of the failure load for an AA6061-T6 friction stir spot welding joint," Proceedings of the Institution of Mechanical Engineers B: Journal of Engineering Manufacture, vol. 225, no. 10, pp. 1746-1756, 2011.

[22] S. Thapliyal, Capítulo 1 - Soldadura por ultra-sons - uma tecnologia de soldadura moderna para metais e plásticos, em: Handbooks in Advanced Manufacturing, Páginas 1-22.2021.

[23] K Faes, R. Nunes , S. De Meester, W. De Waele, F. Rubino, P. Carlone, Influência dos parâmetros do processo nas propriedades das soldaduras ultra-sónicas Cu-Cu. Journal of Manufacturing and Materials Processing. 7(1):19. 2023.

[24] Roll Welding, capítulo em Handbook : Welding, Brazing, and Soldering, Editado por David LeRoy Olson;Thomas A. Siewert;StephenLiu;Glen R. Edwards, 1993,

[25] Z. Boumerzoug, S. Djouadi, M. Meddour, Soldadura por fricção rotativa de aço de baixo carbono, SunText Review of Material Science, 4(1).122. 2023

[26] L. Lakhdari, O efeito da soldadura por indução em aços, tese de doutoramento, Universidade de Biskra, 2019

[27] L. Baghdadi, Solid state diffusion welding of two dissimilar steels, tese de doutoramento, Universidade de Biskra, 2023. (Orientado pelo Prof. Zakaria Boumerzoug)

[28] Welding of Dissimilar Metals, download em 24 de janeiro de 2024 de : https://www.totalmateria.com/page.aspx?ID=CheckArticle&site=ktn&NM=152

[29] Y. Helal e Z. Boumerzoug, Efeito do diâmetro do pino na microestrutura e nas propriedades mecânicas da liga de alumínio 6061-T6 de soldadura por fricção dissimilar em aço de fase dupla, ActaMetallurgica Slovaca, 2018.

[30] F. Khalfallah, Z. Boumerzoug, S. Rajakumar e E. Raouache, Otimização por RSM na soldadura por fricção rotativa da liga de alumínio AA1100 e aço macio, International Review of Applied Sciences and Engineering, 11, 1, 34-42. 2020.

[31] D. Heddar; Z. Boumerzoug, Microstructures and thermo-mechanical properties of welded steel to copper by rotary friction process, International Journal of Modern Manufacturing Technologies, 2067-3604, Vol. XII, No. 2 2020.

[32] W. Bedjaoui, Z. Boumerzoug, e F. Delaunois, Soli-state diffusion welding of commercial aluminum alloy with pure copper, International Journal of Automotive and Mechanical Engineering, Vol. 2, Issue 19, 1 - 13. 2022.

[33] L. Baghdadi, and Z. Boumerzoug, , Soli-state diffusion bonding of X70 steel to duplex stainless steel, Ata Metallurgica Slovaca, 28, 2,106-112,2022.

[34] Z. Boumerzoug, and F. Delaunois, Effect of heat treatment on dissimilar 316l and 316 austenitic stainless steel TIG welded joints, SunText Review of Material Science, SunText Review of Material Science, 3(1): 116, pp: 1-7. 2022.

[35] I. Karagoz, R. Cakir, O. Coban, e Z. Boumerzoug, Friction stir butt weldability of dissimilar alloys AA5754 and AA1050, Surface Review and Letters, , 2023.

[36] O Beziou, I Hamdi, Z Boumerzoug, F Brisset e T Baudin, Effect of heat treatment on the welded joint of X70 steel joined to duplex stainless steel by gas tungsten arc welding, The International Journal of Advanced Manufacturing Technology. aceite para publicação, 2023

[37] G. Liu, S. Yang, J. Ding, W. Han, L. Zhou, M. Zhang, S. Zhou, R.D.K. Misra, F. Wan e C. Shang, Formação e evolução da estrutura em camadas em juntas soldadas dissimilares entre aço ferrítico-martensítico e aço inoxidável 316L com cargas, Journal of Materials Science & Technology , 35, pp. 2665-2681.2019.

[38] K. Pancikiewicz, A. Swierczynska, P. Hucko, e M. Tumidajewicz, Materials, 13, 4540, 2020.

[39] M. Pouranvari, P. Marashi, S. Amirabdollahian, A. Abedi, and M. Goodarzi, Microstructure and failure behavior of dissimilar resistance spot welds between low carbon galvanized and austenitic stainless steels, Mater. Sci. Eng., 480, pp. 175-180, 2008.

[40] R. Mendes, J.B. Ribeiro, e A. Loureiro, Efeito das caraterísticas do explosivo na soldadura explosiva de aço inoxidável a aço carbono em configuração cilíndrica, Mater. Des., 51: 182-192, 2013.

[41] Z. Boumerzoug[1] , E. Raouache , and F. Delaunois, Thermal cycle simulation of welding process in low carbon steel, Materials science and engineering, A, 2011

[42] M. Dadfar, M.H. Fathi, F. Karimzadeh, M.R. Dadfar, e A. Saatchi, Efeito da soldadura TIG no comportamento de corrosão do aço inoxidável 316L, Materials Letters, 61, 2343-2346. 2007.

[41] Z. Boumerzoug, and F. Delaunois, Effect of heat treatment on dissimilar 316l and 316 austenitic stainless steel TIG welded joints, SunText Review of Material Science, SunText Review of Material Science, 3(1): 116, pp: 1-7. 2022.

[43] Z. Boumerzoug, F. Delaunois, O. Beziou, e I. Hamdi, Investigação da zona afetada pelo calor através da técnica de simulação do ciclo térmico, The International Journal of Materials and Engineering Technology (TIJMET) 5(2). 2022.

[44] R.K. Krishnasamy, Uma abordagem computacional para previsões de vida à fadiga termomecânica de tubos de superaquecedor soldados de forma diferente (Diss. Alemanha).2012.

[45] S. Houfani, aspectos metalúrgicos da soldadura manual e automática de aço, tese de mestrado, Universidade de Biskra, 2016. (Orientado pelo Prof. Zakaria Boumerzoug)

[46] Os métodos específicos de estudo das fontes, Daniel SEFERIAN 1947.

[46] D. Khaled, Principe d'installation des pipelines et le transport des hydrocarbures, Tese de Mestrado, Universidade de Biskra, 2015. (Supervisionado pelo Prof. Zakaria Boumerzoug)

[47] K. Maache, Etude des joints de soudure des pipelines, Tese de Mestrado, Universidade de Biskra, 2015. (Orientação do Prof. Zakaria Boumerzoug)

[47] H. Lebza, Soudage des pipelines, Tese de Mestrado, Universidade de Biskra, 2014. (Orientação do Prof. Zakaria Boumerzoug)

[48] Diagrama de Schaffner, descarregado em 13/12/2023 de : https://www.rocdacier.com/diagramme-de-schaeffler/

[49] D. Séférian, Métallurgie de la Soudure. Dunod; Paris, França: 1965.

[50] E. Macherauch, K.H. Kloos, Origin, Measurements and evaluation of residual stresses, Residual Stresses in Science and Techology. DGM Inform., Verlag, pp. 3-26, 1987.

[51] K.S. Prabhat, I. Raisul, P. Chandan, e K. Mohd, Análise de tensões residuais e distorções em tubos de aço carbono soldados por circunferência, IJRTE, Vol.2, Issue-2, 192-199. 2013.

Printed by Books on Demand GmbH, Norderstedt / Germany